C语言上机实验教程

全国电力行业"十四五"规划教材

高等教育电气与自动化类专业系列

编　郭树强　张丹

主编　张秋实　王敬东　李航宇　张洪业

参编　郭晓利　刘迪　苏畅　王玲　李天阳　夏俊博

中国电力出版社

CHINA ELECTRIC POWER PRESS

内 容 提 要

本书为东北电力大学《C语言程序设计》教材的配套教材，循序渐进地组织和安排实验内容，具有突出重点、化解难点、注重编程能力的培养等特点。全书共 11 个实验，包含验证性实验、设计性实验和综合性实验，实验内容涵盖了 C 语言程序的开发环境、数据类型与表达式、控制结构、数组与字符串、函数、指针、结构体和共用体、文件操作等。

本书具有基础性、实用性、系统性，既可作为高等院校"C语言程序设计"课程配套教材，也可作为全国计算机等级考试的参考配套教材和高职高专相关专业配套教材，同时还可作为自学者学习 C 语言的参考书。

图书在版编目（CIP）数据

C 语言上机实验教程/郭树强，张丹主编．—北京：中国电力出版社，2023.11
ISBN 978-7-5198-7864-1

Ⅰ．①C…　Ⅱ．①郭…　②张…　Ⅲ．①C 语言－程序设计－高等学校－教学参考资料　Ⅳ．①TP312.8

中国国家版本馆 CIP 数据核字（2023）第 089255 号

出版发行：中国电力出版社
地　　址：北京市东城区北京站西街 19 号（邮政编码 100005）
网　　址：http://www.cepp.sgcc.com.cn
责任编辑：张　旻（010-63412536）
责任校对：黄　蓓　常燕昆
装帧设计：赵姗姗
责任印制：吴　迪

印　　刷：廊坊市文峰档案印务有限公司
版　　次：2023 年 11 月第一版
印　　次：2023 年 11 月北京第一次印刷
开　　本：787 毫米×1092 毫米　16 开本
印　　张：7.75
字　　数：189 千字
定　　价：30.00 元

前　言

  本书为东北电力大学《C 语言程序设计》教材的配套教材。实验内容可以训练读者理解和掌握 C 语言的基本概念与基本语句，学会编写程序以及掌握编程的方法和技巧。为读者在计算机上进行程序的编辑、调试和运行提供了详细的指导。对于每个实验，列出了实验目的、实验知识内容提要以及实验的具体内容，实验内容包括验证性实验、设计性实验和综合性实验，由浅入深进行展开，实验内容以综合运用主要知识点为主线，激发学生浓厚学习兴趣和独立编程能力。通过这些实验，可提高读者的实际动手能力。

  全书共 11 章，针对主教材中每个章节的主要内容，精心设计了具有广泛代表性的实验，以帮助读者通过实验更好地理解和把握 C 语言程序设计的特点和方法。本书条理清晰、语言流畅、通俗易懂，实用性强。

  本书由东北电力大学郭树强、吉林通用航空职业技术学院张丹主编，东北电力大学张秋实、王敬东、张洪业，吉林电子信息职业技术学院李航宇副主编，东北电力大学郭晓利、刘迪、苏畅、王玲、李天阳，辽宁建筑职业学院夏俊博参编。辽宁建筑职业学院郭平也参加了本书的编写和审定工作。

  限于编者水平，书中疏漏在所难免，敬请读者批评指正。

编　者

2023 年 2 月

目　　录

实验 1　操作环境与过程

1.1　实　验　目　的

（1）熟悉 C 语言程序上机运行环境。
（2）掌握 C 语言程序的基本结构和书写格式。
（3）学会调试和运行 C 语言程序。

1.2　相　关　知　识　点

知识点 1：C 语言的程序结构

　　C 语言程序为函数模块结构，所有的 C 语言程序都是由一个或多个函数构成，其中必须只能有一个主函数 main( )。程序从主函数开始执行，当执行到调用函数的语句时，程序将控制转移到调用函数中执行，执行结束后，再返回主函数中继续运行，直至程序执行结束。C 语言的函数是由编译系统提供的标准函数和由用户自己定义的函数。虽然从技术上讲，主函数不是 C 语言程序的一个成分，但它仍被看作是其中的一部分，因此，"main" 不能用作变量名。

　　函数的基本形式是：

[函数类型]　函数名 (形式参数表)
{
说明部分；
执行语句部分；
}

　　其中：函数开头包括函数类型、函数名和圆括号中的形式参数 [如 int add（int x, int y）]，如果函数调用无参数传递，圆括号中形式参数为空。函数体包括函数体内使用的数据说明和执行函数功能的语句，花括号{　}表示函数体的开始和结束。

知识点 2：源程序书写格式

　　（1）每条语句以分号 "；" 结束，函数的最后一行也不例外。
　　（2）程序行的书写自由，既允许一行内写几条语句，也允许一条语句分写在几行上。
　　（3）允许使用注释。用/*...*/号括起来的内容是语句的注释部分，供阅读程序之用。计算机并不执行注释部分的内容。注释的位置，可以单占一行，也可跟在语句的后面。

知识点 3：标识符

　　在 C 语言中，标识符可用作变量名、符号常量名、函数名和数组名、文件名以及一些具有专门含义的名字。合法的标识符由字母、数字和下划线组成，并且第一个字符必须为字母或下划线。C 语言的标识符中，大写字母和小写字母被认为是两个不同的标识符。一般用小写字母作为变量的名字，而用大写字母作为符号常量的名字。

C 语言中的关键字如 if、int、float 等有专门的用途，不能用这些名字作为变量的名字。

知识点 4：C 语言程序的开发过程

运行 C 语言程序一般需要一个运行环境，例如，可以在 Microsoft Visual C++ 2010 所提供的集成环境中运行。

1. 编辑源程序

设计好的源程序要利用程序编辑器输入到计算机中，输入的程序一般以文本文件的形式存放在磁盘上，文件的扩展名为.c。

2. 编译源程序

源程序是无法直接被计算机执行的，因为计算机只能执行二进制的机器指令，这就需要把源程序先翻译成机器指令，然后计算机才能执行翻译好的程序，这个过程是由 C 语言的编译系统完成的。源程序编译之后生成的机器指令程序叫目标程序，其扩展名为.obj。

3. 连接程序

在源程序中，输入/输出等标准函数不是用户自己编写的，而是直接调用系统函数库中的库函数。因此，必须把目标程序与库函数进行连接，才能生成扩展名为.exe 的可执行文件。

4. 运行程序

执行.exe 文件，得到最终结果。

1.3　Microsoft Visual C++ 6.0 的集成开发环境

上机环境介绍

Microsoft Visual C++6.0（简称 VC++）集成环境不仅支持 C++程序的编译和运行，而且也支持 C 语言程序的编译和运行。通常 C++集成环境约定：当源程序文件的扩展名为.c 时，则为 C 程序；而当源程序文件的扩展名为.cpp 时，则为 C++程序。

1. 启动 VC++

运行"Microsoft Visual C++ 6.0"应用程序，屏幕将显示 Microsoft Visual C++ 6.0 窗口。

2. 新建 C 语言程序文件

在"每日提示"对话框中，单击"关闭（C）"按钮，选择"文件"菜单的"新建"命令，打开"新建"窗口，如图 1-1 所示。单击"文件"标签，选中 C++ Source File，同时在右边文件名输入框中输入自己的文件名，如 g1.c，在位置框中选择或输入文件路径，然后单击"确定"按钮。

3. 编辑源程序

打开如图 1-2 所示的编辑窗口，输入程序代码，输入及修改可借助鼠标和菜单进行，十分方便。

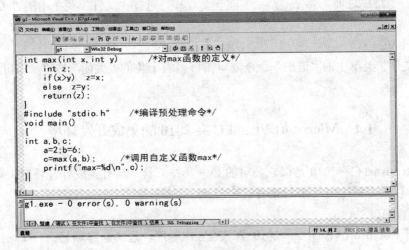

图 1-1 新建文件窗口

图 1-2 源程序编辑界面

4．保存程序

在图 1-2 所示的编辑窗口中，选择"文件"菜单中的"保存"命令，将源程序保存到指定的文件中。

5．编译程序

在图 1-2 所示的编辑窗口中，选择"组建"菜单中的"编译 g1.c"命令。

6．连接程序

在图 1-2 所示的编辑窗口中，选择"组建"菜单中的"组建 g1.exe"命令。

7．运行程序

在图 1-2 所示的编辑窗口中，选择"组建"菜单中的"执行 g1.exe"命令，立即可以看到程序的运行结果。

对于编译连接、运行操作，VC++还提供了一组快捷工具按钮，如图 1-3 所示。

图 1-3   快捷工具按钮

8. 调试程序

调试程序是程序设计中一个很重要的环节，一个程序很难保证一次就能运行通过，一般都要经过多次调试。

程序中的错误一般分为源程序语法错误和程序设计上的逻辑错误。编译时只能找出语法错误，而逻辑错误需要靠程序员手工查找。如果程序中存在语法错误，那么编译时会在输出窗口中给出错误提示。错误提示主要包括错误个数，一般错误（error）还是警告错误（warning），错误出现的行号以及出错原因等。程序中的任何错误都必须修正，然后重新编译，直到能得出正确结果为止。

9. 编辑下一个程序

编辑下一个程序之前，要先"结束"前一个程序，选择"文件"菜单中的"关闭工作区"命令即可。

10. 退出 VC++

选择"文件"菜单中的"退出"命令或单击屏幕右上角的"关闭"按钮，即可退出 VC++系统。

1.4   Microsoft Visual C++ 2010 的集成开发环境

Microsoft Visual C++2010 是微软公司的 C++开发工具，具有集成开发环境，可提供编辑 C 语言、C++以及 C++/CLI 等编程语言。

第一步：建立项目

（1）打开 Microsoft Visual C++2010 学习版应用程序，选择新建项目。

（2）在打开的"新建项目"对话框中，选择 CLR 空项目，并输入新建项目的名称，单击"确定"按钮。

（3）项目建立完成，可在左边显示"解决方案资源管理器"窗口，显示了已建立项目的名称。在"解决方案资源管理器"窗口中找到"源文件"，单击鼠标右键，快捷菜单中选择"添加"–>"新建项"项（见图 1-4），弹出"添加新项"对话框。

第二步：建立文件

（1）在"添加新项"对话框中选择 C++文件，在"添加新项"对话框下方"名称"这一行填写想要建立的文件的名称。单击"添加新项"对话框右下方的"添加"按钮。

（2）在编辑窗口中可以编写 C 语言源程序。如图 1-5 所示。

第三步：运行程序

C 语言程序需要经过"编译""连接"才能生成可执行文件，再"运行"。

方法一：可以单击菜单栏下一行中的快捷按钮（一个向右的小三角箭头）运行程序。

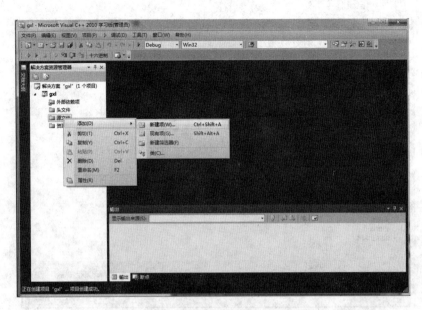

图 1-4 "解决方案资源管理器"显示界面

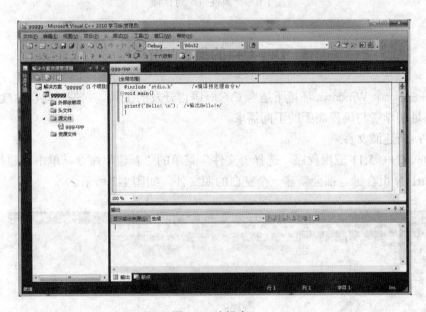

图 1-5 编辑窗口

方法二：直接使用快捷键 Ctrl+F5。这种方法会将源程序"编译""连接"，生成可执行文件，并且在显示运行窗口时会自动让窗口停留。

如果运行程序出现闪退状况，可以通过以下方法解决。

解决方法 1：在 main( )函数的末尾加 getchar( )。

解决方法 2：鼠标右键当前工程选择属性，打开"属性页"对话框，选择"配置属性"→"链接器"→"系统"，更改系统选项中的"子系统"配置，选择下拉菜单的第一个"控制台（/SUBSYSTEM：CONSOLE）"项。如图 1-6 所示。

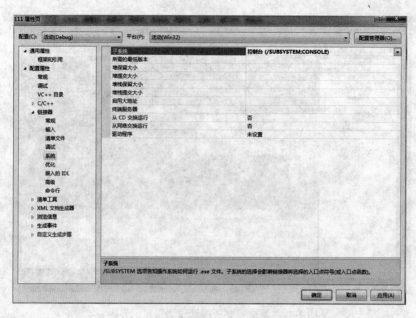

图 1-6 "属性页"对话框

1.5 Dev-C++的集成开发环境

Dev-C++是一个 Windows 环境下适合 C/C++语言开发的工具。它是一款自由软件,非常实用。能满足初学者与编程高手的不同需求。

第一步:新建源文件

打开 Dev-C++ 5.11 应用程序,选择"文件"菜单的"新建"命令,单击"源代码",或者,按下 Ctrl+N 组合键,都会新建一个空白的源文件,如图 1-7 所示。

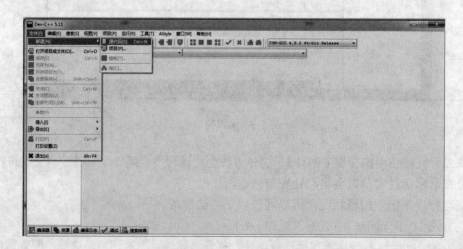

图 1-7 新建 Dev-C++ 5.11 窗口

选择"文件"菜单的"保存"命令,或者按 Ctrl+S 组合键进行源文件保存操作。

第二步：编译执行

编译是程序执行的前提，可以通过按 F9 键直接快捷编译，也可以选择"运行"菜单的"编译"命令，或者工具栏中的"编译"按钮。一定要注意编译之后才能执行，也可以直接单击"编译运行"按钮，如图 1-8 所示。

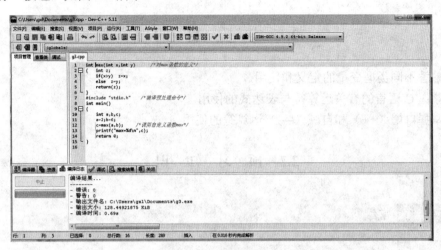

图 1-8　编译执行窗口

代码在编译过程中出现的警告和错误会显示于"编译日志"中，最后选择"运行"菜单的"运行"命令执行程序。

实验 2　数据类型、运算符与表达式

2.1　实　验　目　的

（1）熟悉不同类型变量的定义和使用。

（2）掌握 C 语言的有关运算符与表达式的使用。

（3）掌握自增（++）和自减（−−）运算符的使用。

2.2　预　习　知　识

 知识点 1：常量

1. 概念

在程序运行过程中其值不能被改变的量称为常量。

2. 整型常量

整型常量即整数，可以使用三种形式表示：十进制数、八进制数、十六进制数。每种进制形式的数据都有特殊标记。通常在 C 语言程序中使用十进制常量。

（1）十进制数。如 100，−2，0。

（2）八进制数。以 0 开始。如 0123 代表八进制 123，即十进制数 83。

（3）十六进制数。以 0x 开始的数是十六进制数。如 0x123，即十进制数 291。

3. 实型常量

实型常量又称实数或浮点数，有两种表示形式。

（1）十进制形式。由三部分组成：整数部分、小数点、小数部分，当整数或小数部分为 0 时可以省略，但小数点不能省略。如 123.0，.123，123.5，123.。

（2）指数形式。由三部分组成：尾数、字符 e（或 E）、指数。e 之前必须有数字，且 e 后面的指数必须为整数。如 123e2，123E2，代表 $123×10^2$。

4. 字符常量

字符常量有两种形式：

（1）单字符。用单引号括起来的一个单字符。如'a'，'#'。

（2）转义字符。转义字符是以'\\'开头的字符序列，它是 C 语言中表示字符的特殊形式。

5. 字符串常量

字符串常量是由一对双引号括起来的字符序列。如 "hello"。

C 语言中，字符串常量在内存中存储时，系统自动在字符串的末尾加一个"串结束标志"，常用'\\0'表示。

如 "hello" 的存储形式为：

h	e	l	l	o	\0

字符串有 5 个字符，在内存中实际共占 6 个字符的位置。'\0'为结束符。

知识点 2：变量

1. 概念

变量是指在程序运行过程中其值可以被改变的量。

C 语言规定，程序中所要用到的变量应该先定义后使用，在定义变量的同时说明该变量的类型，系统在编译时就能根据定义及其类型为它分配相应数量的存储单元。

2. 变量类型

（1）整型变量。整型变量分为基本型（int），短整型（short），长整型（long）和无符号型（unsigned）。

（2）实型变量。实型变量分为单精度（float）、双精度（double）和长双精度（long double）。

（3）字符变量。字符变量（char）用来存放字符常量。注意只能存放一个字符，不能存放字符串。

知识点 3：算术运算符与表达式

C 语言提供的算术运算符及运算功能见表 2-1。

表 2-1　　　　　　　　　　C 语言提供的算术运算符及运算功能

运算符	名称	运算功能
+	加法	求两数之和或正号运算符
−	减法	求两数之差或负号运算符
*	乘法	求两数之积
/	除法	求两数之商
%	取余	求余运算或模运算

需要说明的是：

（1）对于除法运算，如 a/b，则 b 的值不能为 0。

（2）两个整数相除结果为整数。如 8/5 的结果为 1，舍去小数部分。只有当其中有一个是实型时，结果才能得到实型，如 8/5.0=1.600000。

（3）求余运算要求%两侧都是整型数据，如 12%3=0，为 0 表示一个数能被另一个数整除。

知识点 4：自增、自减运算

自增运算符的作用是使变量的值增 1，自减运算符的作用是使变量的值减 1。

常见的用法有：

++i　（−−i）　　　在使用 i 前，先使 i 的值加 1（减 1）。

i++　（i−−）　　　在使用 i 后，再使 i 的值加 1（减 1）。

如：i 的原值为 4，则

```
j=++i;        j 的值为 5，i 的值为 5
j=i++;        j 的值为 4，然后 i 变为 5
```

知识点 5：强制类型转换

可以利用强制类型转换符将一个表达式转换成所需类型，其一般形式：

(类型名)(表达式)

例如：

```
(char)(x+y);                              /*将(x+y)的值强制转换为字符型*/
(float)5 / 2(等价于(float)(5)/2)          /*将 5 转换成实型,再除以 2(=2.5)*/
```

知识点 6：关系运算符及关系表达式

1. 关系运算符

C 语言提供 6 种关系运算符，见表 2-2。

表 2-2   关 系 运 算 符

关系运算符	名称
<	小于
<=	小于或等于
>=	大于或等于
>	大于
==	等于
!=	不等于

在关系运算符中，前 4 个优先级相同，后两个也相同，且前 4 个高于后两个。

2. 关系表达式

关系表达式是指，用关系运算符将两个表达式连接起来，进行关系运算的式子。

例如，下面的关系表达式都是合法的：

a>b，a+b>c-d，(a=3)<=(b=5)，'a'>='b'，(a>b)= =(b>c)

由于 C 语言没有逻辑型数据，所以用整数"1"表示"逻辑真"，用整数"0"表示"逻辑假"。

例如，假设 n1=3，n2=4，n3=5，则：

（1）n1>n2 的值=0。

（2）（n1>n2）! = n3 的值=1。

（3）n1<n2<n3 的值=1。

知识点 7：逻辑运算符及逻辑表达式

1. 逻辑运算符

C 语言提供三种逻辑运算符：

&&   逻辑与（相当于"同时"）

‖　逻辑或（相当于"或者"）

!　逻辑非（相当于"否定"）

&&：当且仅当两个运算量的值都为"真"时，运算结果为"真"，否则为"假"。（有 0 得 0，全 1 得 1）

‖：当且仅当两个运算量的值都为"假"时，运算结果为"假"，否则为"真"。（有 1 得 1，全 0 得 0）

!：当运算量的值为"真"时，运算结果为"假"；当运算量的值为"假"时，运算结果为"真"。（非 0 得 1，非 1 得 0）

例如，假定 x=5，则（x>=0）&&（x<10）的值为"真"，（x<-1）‖（x>5）的值为"假"。

逻辑非的优先级最高，逻辑与次之，逻辑或最低，即：

$$!（非）→\&\&（与）→ ‖（或）$$

与其他种类运算符的优先关系：

$$!→算术运算→关系运算→\&\&→ ‖$$

2. 逻辑表达式

逻辑表达式是指，用逻辑运算符将一个或多个表达式连接起来，进行逻辑运算的式子。

例如：（a>b）&&（x>y）‖（a<=b）

逻辑表达式的值也是一个逻辑值（非"真"即"假"）。

C 语言用整数"1"表示"逻辑真"，用"0"表示"逻辑假"。但在判断一个数据的"真"或"假"时，却以 0 和非 0 为根据：如果为 0，则判定为"逻辑假"；如果为非 0，则判定为"逻辑真"。

例如，假设 num=12，则：! num 的值=0，num>=1&&num<=31 的值=1，num ‖ num>31 的值=1。

3. 注意的问题：

（1）对于逻辑与运算，如果第一个操作数被判定为"假"，系统不再判定或求解第二操作数。

例如：（m=a>b）&&（n=c>d）

当 a=1，b=2，c=3，d=4，m 和 n 原值为 1，由于"a>b"的值为 0，则 m=0，（由于与运算是有 0 得 0）因此"n=c>d"不执行，所以 n 的值不是 0 而仍保持原值 1。

（2）对于逻辑或运算，如果第一个操作数被判定为"真"，系统不再判定或求解第二操作数。

例如，假设 n1=2、n2=1、n3=3、n4=4、x=0、y=1，则求解表达式"（x=n1>n2）‖（y=n3>n4）"后，x 的值变为 1，而 y 的值不变，仍等于 1。

（3）在数学中，关系式 0<x<10 是可以使用的，但在 C 语言中却不能这样用，即关系运算符不能连用，应表示为：x>0 && x<10。

知识点 8：赋值运算与赋值表达式

1. 赋值运算符

赋值符号"="就是赋值运算符，它的作用是将一个表达式的值（或一个数据）赋给一个变量。

赋值表达式的一般形式为:

变量 = 赋值表达式

例如:a=5　　　　　　　/*将 5 赋给变量 a*/

x=(a+3)*5/2　　　　　　/*将表达式 (a+3)*5/2 的值赋给变量 x*/

2. 类型转换

如果表达式值的类型,与被赋值变量的类型不一致,但都是数值型或字符型时,系统自动地将表达式的值转换成被赋值变量的数据类型,然后再赋值给变量。

知识点 9:复合赋值运算

1. 复合赋值运算符

复合赋值运算符是由赋值运算符"="之前再加上一个双目运算符构成的。

C 语言规定了如下 10 种复合赋值运算符:

+=,-=,*=,/=,%=;　　　/*复合算术运算符(5 个)*/

&=,^=,|=,<<=,>>=;　　/*复合位运算符(5 个)*/

注意:复合赋值运算的结合方向是右结合。

2. 复合赋值运算

复合赋值运算的一般格式为:

变量　　双目运算符 = 表达式

　　　　　　└─┘

　　　　复合赋值运算符

它等价于:变量 = 变量双目运算符(表达式)。

例如:

i + = 1　　　　　/*等价于 i = i + 1 */

a * = b - 2　　　/*等价于 a = a * (b- 2) */

注意:a*=b-2 等价于 a=a*(b-2),而不是 a=a*b-2。

知识点 10:条件运算符

1. 一般格式:表达式 1? 表达式 2: 表达式 3

条件表达式中的"表达式 1""表达式 2""表达式 3"的类型,可以各不相同。

2. 运算规则

如果"表达式 1"的值为非 0(即逻辑真),则运算结果等于"表达式 2"的值;否则,运算结果等于"表达式 3"的值。

如:x=a>b?a:b

当 a=5,b=10 时,x=10。

3. 运算符的优先级与结合性

条件运算符的优先级,高于赋值运算符,但低于关系运算符和算术运算符。其结合性为"从右到左"(即右结合性)。

如：x=a>b? a:c>d? c:d 等价于 x=a>b? a: (c>d? c:d)

当 a=1，b=2，c=3，d=4 时，x=4。

知识点 11：逗号运算符

逗号运算符即 "，"，在 C 语言中可以用逗号把若干个独立的表达式连接起来成逗号表达式。逗号表达式的一般形式为：

表达式 1，表达式 2，表达式 3，…，表达式 n

逗号表达式的值为表达式 n 的值。

注意：逗号运算符是所有运算符中级别最低的。

2.3 实 验 内 容

（1）运行以下程序，体会程序运行时变量值的变化情况。

```c
#include"stdio.h"
void main()
{
    int x;
    float y;
    char c;
    x=5.0/3; y=5.0/3;
    printf("x=%d,y=%f \n",x,y);
    x=4/9;y=4/9;
    printf("x=%d,y=%f \n",x,y);
    x=30%4;y=30%4;
    printf("x=%d,y=%f \n",x,y);
    x=10*x;y=10*y;
    c='A';
    printf("x=%d,y=%f;c=%c\n",x,y,c+3);
}
```

步骤如下：

①在执行程序前先将每执行一条语句后变量 x 和 y 的预期结果写在相应的语句旁；

②运行结束后查看输出结果，确认该结果是否与预期的结果值一致。

（2）已知字符 A 的 ACSII 码值为 65，运行下面程序，观察输出结果。

```c
#include <stdio.h>
void main()
{
    char ch='B';
    printf("%c%d\n",ch,ch);
}
```

（3）运行下列程序，记录输出结果，并对结果进行分析。

```c
#include <stdio.h>
void main()
```

```
{    int i,j;
     float x;
     char ch;
     x=5.8;
     i=x;
     j=(int)x;
     ch='a'+1;
     printf("x=%f,i=%d,j=%d,ch=%c\n",x,i,j,ch);
}
```

（4）运行下列程序，记录输出结果，并对结果进行分析。

```
#include <stdio.h>
void main()
{
     int x=6;
     x+=x-=x*x;
     printf("%d\n",x);
}
```

（5）运行下列程序，记录输出结果，并对结果进行分析。

```
#include <stdio.h>
void main()
{
     int i,a,j;
     j=(i=(a=4*5,a*5),a+6);
     printf("%d,%d\n",i,j);
}
```

（6）运行下面的程序，记录输出结果，并对结果进行分析。

```
#include "stdio.h"
void main( )
{    int a=5,b,c,d;
     printf("a=%d\n",a);
     b=++a;
     printf("a=%d,b=%d\n",a,b);
     c=a--;
     printf("a=%d,c=%d\n",a,c);
     d=a||b&&c;
     printf("a=%d,d=%d\n",a,d);
}
```

实验 3　顺序结构程序设计

3.1　实　验　目　的

（1）掌握 getchar( )和 putchar( )的应用。
（2）掌握 printf( )和 scanf( )的应用。
（3）掌握顺序结构程序设计方法。

3.2　预　习　知　识

知识点 1：顺序结构程序

顺序结构是指程序中的语句都是按先后顺序执行的，不存在分支、循环和跳转。因此，顺序结构的程序是最简单、最基本的一种程序结构。顺序结构程序中的语句按其在程序体中的先后位置顺序依次被执行的程序结构，如图 3-1 所示。

例如：求圆面积的程序

```
#define  PI 3.14
#include "stdio.h"
void main()
{
    float r,s;
    printf("Input r:");
    scanf("%f",&r);
    s=PI*r*r;
    printf("%f\n",s);
}
```

运行结果：

```
Input r:1
3.140000
```

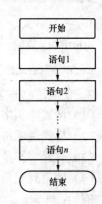

图 3-1　顺序程序结构

知识点 2：C 语言中的语句

C 语言中的语句有表达式语句、函数调用语句、空语句、复合语句、控制语句等几种形式。表达式语句是在表达式的后面加上一个分号 "；" 构成的，最典型的是一个赋值表达式和分号构成赋值语句。

知识点 3：putchar( )——单个字符输出函数

1. 一般格式
单个字符输出函数的一般格式如下：

```
putchar(ch);
```

2. 使用注意事项

（1）单个字符输出函数都只能用于单个字符的输出。另外，从功能角度来看，它们完全可以用 printf( )函数。

（2）在程序中使用 putchar( )函数时，必须在程序（或文件）的开头加上编译预处理命令（也称包含命令），即：#include "stdio.h"。

知识点 4：getchar( )——单个字符输入函数

1. 一般格式

单个字符输入函数的一般格式如下：

```
getchar();
```

2. 使用注意事项

（1）单个字符输入函数都只能用于单个字符的输入。另外，从功能角度来看，它们完全可以用 scanf( )函数来替代。

（2）在程序中使用 getchar( )函数时，也必须在程序（或文件）的开头加上编译预处理命令（也称包含命令），即：#include "stdio.h"。

知识点 5：printf( )——格式化输出函数

1. 一般格式

printf( )函数的一般格式如下：

```
printf (格式控制字符串,输出列表);
```

2. 使用注意事项

（1）格式控制字符串。使用时需要用双引号括起来。包含普通字符和格式说明符。

（2）格式说明符必须以"%"开头，其后各项根据输出格式需要选择。

（3）普通字符是原样输出。

（4）输出列表是需要输出的一些数据，可以是常量、变量、表达式。

例如：

printf （"Sum is %d\n"，s）;

Sum is 是普通字符，%d 是格式说明符，\n 是转义字符，s 是变量。

（5）格式说明符与输出项从左到右在类型上必须一一对应匹配，如不匹配将导致数据输出出现错误。

3. printf 函数的类型字符

printf 函数的类型字符见表 3-1。

表 3-1　　　　　　　　　　printf 函数的类型字符

数据类型	类型转换字符	作　　用
整数	d 或 i	十进制整数形式带符号输出（正数不带符号）
	o	八进制整数形式无符号输出（不带前缀 0）

数据类型	类型转换字符	作　　用
整数	x X	无符号输出十六进制整数（不带前缀 0x），其中字母小写 无符号输出十六进制整数（不带前缀 0x），其中字母大写
	u	十进制整数形式无符号输出
实数	f	十进制小数形式输出单、双精度数（默认 6 位小数）
	e E	指数形式输出单、双精度数（默认 6 位小数）字母 e 小写 指数形式输出单、双精度数（默认 6 位小数）字母 E 大写
	g G	自动选用 f 或 e 形式，字母 e 小写 自动选用 f 或 e 形式，字母 E 大写
字符	c	输出 1 个字符
	s	输出 1 个字符串

知识点 6：scanf( )——格式化输入函数

1. 一般格式

scanf(格式控制字符串,地址列表);

2. 使用注意事项

（1）格式控制字符串与 printf( )函数的相似，由若干个格式说明符构成，也由"%"开头。

（2）地址列表——由若干个输入项首地址组成，可以是变量的地址，也可以是字符串的首地址。

例如：scanf（"%d%d%d"，&x，&y，&z）；

x，y，z 前面一定要加地址符&，输入数据时，在两个数据之间可以用一个或多个空格作为间隔，也可以用 Enter 键或 Tab 键作为间隔。

可以输入数据：1□2□3✓

或 1□2✓

3✓

（3）在用%c 输入字符时，空格和转义字符都作为有效字符输入。

（4）在输入数据时，实际输入数据少于输入项目个数时，函数会等待输入，直到满足条件或遇到非法字符才结束；若实际输入多于输入项目个数时，多余的数据将留在缓冲区备用，作为下一次输入操作的数据。

3. scanf 函数的类型字符

scanf 函数的类型字符见表 3-2。

表 3-2　　　　　　　　　　　scanf 函数的类型字符

格　式　字　符	作　　用
d 或 i	输入有符号的十进制整数
u	输入无符号的十进制整数
o	输入无符号的八进制整数
X，x	输入无符号的十六进制整数（大小写作用一样）

续表

格 式 字 符	作 用
c	输入单个字符
s	输入 1 个字符串
f	输入单精度实型数据（可以用小数形式或指数形式）
E、e、g、G	与 f 作用相同（大小写作用一样）
lf、le、lg	输入双精度实型数据
ld、lo、lx、lu	输入长整型数据
hd、ho、hx	输入短整型数据

格式输入/输出函数。scanf( )和 printf( )函数的使用频率最高的一对函数。利用它们不仅可以完成各种数据的输入/输出操作，而且可以控制输入/输出格式，以保证输入数据整齐、规范，输出数据清晰美观。

使用 scanf( )和 printf( )进行输入/输出时，格式字符与输入/输出数据之间个数、类型及顺序必须一一对应。且 scanf( )函数中的输入项一定是变量的地址。

3.3 实 验 内 容

1. 验证性实验
（1）调试并运行下列程序。

```
#include "stdio.h"
void main()
{
    int a,b,c;
    scanf("%d%d%d",&a,&b,&c);
    printf("a=%d,b=%d,c=%d",a,b,c);
}
```

（2）调试并运行下列程序。

```
#include "stdio.h"
void main()
{
    int a,b,c;
    scanf("a=%d,b=%d,c=%d",&a,&b,&c);
    printf("a=%d,b=%d,c=%d",a,b,c);
}
```

（3）运行以下程序，输入小写字母，记录程序输出结果。

```
#include "stdio.h"
void main()
{
    char c1,c2,c3,c4;
    c1=getchar( );
    c2=getchar( );
```

```
    c3=c1-32;
    c4=c2-32;
    putchar(c1);
    putchar(c2);
    putchar(c3);
    putchar(c4);
    printf("\n %4d%4d%4d%4d\n",c1,c2, c3,c4);
}
```

（4）输入并运行以下程序。

```
#include "stdio.h"
void main()
{
    char c1,c2,c3,c4,c5,c6;
    scanf("%c%c%c",&c1,&c2,&c3);
    c4=getchar();
    c5=getchar();
    c6=getchar();
    putchar(c1);
    putchar(c2);
    printf("%c%c\n",c5,c6);
}
```

从键盘输入下列数据：

123

456

写出程序结果。

（5）输入并运行以下程序。

```
#include  "stdio.h"
void main( )
{
    int a,b;
    float f;
    scanf("%d,%d",&a,&b);
    f=a/b;
    printf("F=%f",f);
}
```

（6）分析下列程序，并给出运行结果。

```
#include  "stdio.h"
void  main( )
{
    char c1,c2;
    scanf("%c%c",&c1,&c2);
    ++c1;
    --c2;
    printf("C1=%c,C2=%c",c1,c2);
}
```

（7）从键盘输入一位十进制数，把其转换为对应的数字字符显示出来。分析下列程序，并给出运行结果。

```
#include "stdio.h"
void main( )
{  int data;
   char ch;
   scanf("%d",&data);
   ch=data+'0';
   printf("Digit=%d,Letter=%c",data,ch);
}
```

2. 设计性实验

（1）从键盘输入一大写字母，把它转换为小写字母后显示出来。请在程序空白的地方填上适当的语句或语句体。

```
#include "stdio.h"
void main( )
{   char c1,c2;
    scanf("%c",&c1);
    c2=c1+_____;
    printf("upper=%c,lower=%c",c1,c2);
}
```

（2）已知三角形的三边 a、b、c，求三角形面积的公式为：

area=sqrt(s×(s−a)×(s−b)×(s−c))

其中：s=(a+b+c)/2，sqrt(x)表示 x 的平方根。要求编一程序，输入 a、b、c 的值，并计算三角形的面积 area。（注：sqrt 是 C 语言的标准库函数，在使用该函数的文件的首部，需要用编译预处理命令#include 将文件"math.h"包含到源文件中。）

（3）编写程序完成输入两个整数，求出它们的积、商和余数并进行输出。

实验 4 选择结构程序设计

4.1 实 验 目 的

（1）学会利用 if 语句编写选择结构程序。

（2）学会利用 switch 语句编写选择结构程序。

（3）能独立编写分支结构程序并调试通过。

4.2 预 习 知 识

知识点 1：if 语句的三种格式

1. 第一种格式

格式：`if(表达式)` 语句 1

功能：首先计算表达式的值，若值为"真"（非 0），则执行语句 1；若值为"假"（0），则直接转到此 if 语句的下一条语句去执行，其流程图如图 4-1 所示。

（1）if 语句中的"表达式"必须用"( )"括起来。

（2）当 if（表达式）后面的语句，仅由一条语句构成时，可不使用大括号，但是语句 1 由两条或两条以上语句构成，就必须用大括号"{ }"括起来构成复合语句。

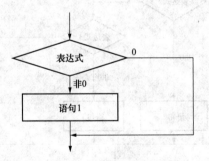

图 4-1 第一种 if 格式语句流程图

2. 第二种格式

格式：`if(表达式)`

　　　语句 1

　　`else`

　　　语句 2

功能：首先计算表达式的值，若表达式的值为"真"（非 0），则执行语句 1；若表达式的值为"假"（0），则执行语句 2，其流程图如图 4-2 所示。

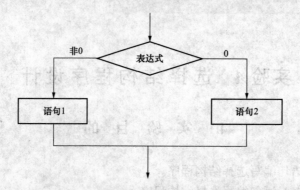

图 4-2　第二 if 种语句格式流程图

3. 第三种格式

格式：
```
if(表达式 1)     语句 1
    else if(表达式 2)  语句 2
    else if(表达式 3)  语句 3
    …
    else if(表达式 n)  语句 n
    else  语句 n+1
```

功能：首先计算表达式的值，若第 i 个表达式的值为非 0，则执行语句 i（1≤i≤n），若所有表达式的值都为 0，则执行语句 n+1，执行过程如图 4-3 所示。

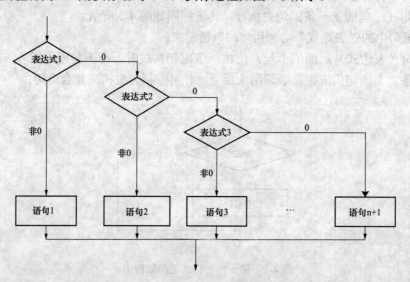

图 4-3　if 语句第三种格式流程图

知识点 2: 非关系或逻辑表达式构成的分支程序

if 后面圆括号中的表达式可以是任意的 C 语言的有效的表达式（如赋值表达式，算术表达式等），因此也可以是作为表达式特例的常量或变量。

例如：

```
#include "stdio.h"
```

```
void main()
{  int s;
   if (s=2)
       printf("hello ");
   else
       printf("error ");
}
```

运行结果：

`hello`

这里条件表达式是一个赋值表达式，s=2，则赋值表达式的值是 2，if（2）其中的 2 表示为真，执行 printf（"hello"）；本程序中的 printf（"error"）；无论如何都不会被执行。

知识点 3：if 语句的嵌套

if 语句的嵌套是指在 if 语句中又包含一个或多个 if 语句。

嵌套 if 语句一般形式如下：

```
if()
   if()    语句1
   else    语句2
else
   if()    语句3
   else    语句4
```

if 与 else 的配对原则：

（1）else 与在它上面、距它最近、且尚未配对的 if 配对。

（2）如果 if 与 else 的个数不相同，可以用花括号来确定配对关系。

例如：
```
if( )
    { if( ) 语句1}
 else
     语句2
```

知识点 4：switch 语句

1. switch 语句的一般形式
```
switch(表达式)
{  case    常量表达式1:语句1;[break;]
   case    常量表达式2:语句2;[break;]
      ...
   case    常量表达式n:语句n;[break;]
   [default:语句n+1;[break; ]]
}
```

2. 执行过程

（1）当 switch 后面"表达式"的值，与某个 case 后面的"常量表达式"的值相同时，就执行该 case 后面的语句，当执行到 break 语句时，跳出 switch 语句，转向执行 switch 语句的下一条。若后面没有加上 break 语句，将自动转到该 case 语句的后面的语句去执行，直到遇到 switch 语句的右大括号或是遇到 break 语句为止，结束 switch 语句。

（2）如果没有任何一个 case 后面的"常量表达式"的值，与"表达式"的值匹配，则执行 default 后面的语句。然后，再执行 switch 语句的下一条。

（3）如果没有 default 部分，则将不执行 switch 语句中的任何语句，而直接转到 switch 语句后面的语句去执行。

4.3 实 验 内 容

1. 验证性实验

（1）调试并运行下列程序，并说明该程序的功能。

```c
#include "stdio.h"
void main()
{    int a;
     scanf("%d",&a);
     if(a%5==0&&a%7==0)printf("%5d",a);
}
```

（2）调试并运行下列程序，此程序为判别是否为闰年。判断闰年的条件为下面二者之一：
①能被 4 整除，但不能被 100 整除。
②能被 400 整除。

```c
#include<stdio.h>
void main()
{   int year;
    scanf("%d",&year);
    if ((year%4==0 && year%100!=0)||(year%400==0))
        printf("Yes");
    else
        printf("No");
}
```

（3）调试并运行下列程序，此程序为对学生的考试成绩进行等级评价，90 分以上为优秀，80~90 分为良好，70~80 分是中，60~70 分为及格，60 分以下为不及格。任意输入一个学生的成绩，判断属于哪个等级。

```c
#include "stdio.h"
void main( )
{ int score;
  printf("Please input score:");
  scanf("%d",&score);
  switch(score/10)
  {
       case 10:
       case 9:  printf("优秀\n");  break;
       case 8:  printf("良好\n");  break;
```

```
        case  7:  printf("中\n"); break;
        case  6:  printf("及格\n"); break;
        default:  printf("不及格\n");
    }
}
```

2. 设计性实验

（1）下面程序实现输入整数 x、y，若 x^2+y^2 大于 100，则输出 x^2+y^2 百位及以上的数字，否则输出个位上的数字。请在程序空白的地方填上适当的语句或语句体。

```
#include "stdio.h"
void main()
{
    int x,y,s;
    scanf("%d%d",&x,&y);
    s=x*x+y*y;
    if(s>100) printf("%d",_____);
    else printf("%d",_____);
}
```

（2）功能：对任意输入的 x，用下式计算并输出 y 的值。请在程序空白的地方填上适当的语句或语句体。

$$y=\begin{cases} 5 & x<10 \\ 0 & x=10 \\ -5 & x>10 \end{cases}$$

```
#include "stdio.h"
void main ()
{
    int  x,y;
    printf("enter x:");
    scanf("%d",&x);
    if(x<10)
        y=5;
    else if(_____) y=0;
    else y=-5;
    printf("x=%d,y=%d\n",x,y);
}
```

（3）功能：判断一个三位数是否是"水仙花数"。在 main 函数中从键盘输入一个三位数，并输出判断结果。说明：所谓"水仙花数"是指一个三位数，其各位数字立方和等于该数本身。例如：153 是一个水仙花数，因为 153=1+125+27。请在程序空白的地方填上适当的语句或语句体。

```
#include "stdio.h"
void main ()
{
    int n,flag;
    int bw,sw,gw;
    scanf("%d",&n);
    bw=n/100;sw=(n-bw*100)/10;gw=n%10;
```

```
if(bw*bw*bw+sw*sw*sw+gw*gw*gw==_____)
    flag=1;
else
    flag=0;
if(flag==_____)
    printf("%d 是水仙花数\n",n);
else
    printf("%d 不是水仙花数\n",n);
}
```

（4）从键盘输入实数 x，按照如下所示公式计算并输出 y 值。请在程序空白的地方填上适当的语句或语句体。

$$y=\begin{cases}1+2x^2 & x<-6 \\ 2+x & -6\le x\le 6 \\ 4+\sqrt{x} & x>6\end{cases}$$

```
#include "stdio.h"
#include "math.h"
void main ()
{
    float x,y;
    scanf("%f",&x);
    if(x<-6) y=_____;
    else if(x<=6) y=2+x;
    else y=4+_____;
    printf("y=%f\n",y);
}
```

实验 4   设计性实验
参考答案

3. 综合性实验

综合案例 1——银行存款利息应用程序的设计与开发

【案例简介】

王伟决定存定期存款，存 1 年，利率：2.0%，存二年，利率：2.50%，存三年，利率：3.15%，存五年，利率：3.55%，问题：

（1）假如王伟五年后按期取出存款，他可以得到多少？

（2）假如选择存三年按期取出存款，他可以得到多少？

这些问题如果用计算器来算，也是可以解决的，但是随着信息技术的发展，也有许多的问题，通过程序、软件可以直接运算，为用户提供了方便。这个案例的目的就是为了设计这样的程序，可以帮助用户解决一些相关的计算问题。

【案例目的】

通过本案例，我们应该知道：

■ C 语言程序如何编写？

■ 数据是如何输入的？

■ 如何实现正确的计算？

■ 如何把结果告诉用户？

■ 怎样来表示本金与利息呢？

【实现方案】

```c
#include<stdio.h>
#include<math.h>
void main()
{
    long money;
    int year;
    float total,rate;   /* total 本金、rate 利息*/
    printf("今天王伟到银行存钱,目前银行的存款利率如下所示:\n");
    printf("定期(整存整取)\n");
    printf("一年\t2.0%\n 二年\t2.50%\n");
    printf("三年\t3.15%\n 五年\t3.55%\n");
    printf("\n 请输入存款金额:");
    scanf("%ld",&money);
    printf("\n 请问你存几年:");
    scanf("%d",&year);
    if(year==1)  rate=0.02;
    if(year==2)  rate=0.025;
    if(year==3)  rate=0.0315;
    if(year==5)  rate=0.0355;
    total=money+money*rate*year;
    printf("所以您整存整取%d 年后的本金和利息和为%5.2f\n",year,total);
}
```

运行结果:

综合案例 2——身高预测

【案例简介】

据有关生理卫生知识与数理统计分析表明,除了饮食习惯与坚持体育锻炼等因素外,小孩成人后的身高与其父母的身高和自身的性别密切相关。设 faHeight 为其父身高,moHeight 为其母身高,身高预测公式为:

男性成人时身高 =(faHeight + moHeight) * 0.54(cm)

女性成人时身高 =(faHeight * 0.923 + moHeight) / 2(cm)

如果喜爱体育锻炼,那么可增加身高 2%,如果有良好的卫生饮食习惯,那么可增加身高 1.5%。

要求从键盘输入你的性别(用字符型变量 sex 存储,输入字符 F 表示女性,输入字符 M 表示男性)、父母身高(用实型变量存储,faHeight 为其父身高,moHeight 为其母身高)、是否喜爱体育锻炼(用字符型变量 sports 存储,输入字符 Y 表示喜爱,输入字符 N 表示不喜爱)、是否有良好的饮食习惯等条件（用字符型变量 diet 存储，输入字符 Y 表示良好，输入字符 N 表示不良好），利用给定公式和身高预测方法对你的身高进行预测。

【案例目的】

通过本案例，了解结构化程序设计方法中的分支结构，熟练掌握 if 语句以及嵌套的 if 语句，解决一些简单的选择判断问题。

【实现方案】

```c
#include <stdio.h>
void main()
{   char sex;                                    /*孩子性别*/
    char sports;                                 /*是否喜欢体育运动*/
    char diet;                                   /*是否有良好的饮食习惯*/
    float myHeight;                              /*孩子身高*/
    float faHeight;                             /*父亲身高*/
    float moHeight;                             /*母亲身高*/
    printf("Are you a boy(M/m) or a girl(F/f)?");
    scanf("%c", &sex);
    printf("Please input your father's height(cm):");
    scanf("%f", &faHeight);
    printf("Please input your mother's height(cm):");
    scanf("%f", &moHeight);
    printf("Do you like sports(Y/N)?");
    getchar();
    scanf("%c", &sports);
    printf("Do you have a good habit of diet(Y/N)?");
    getchar();
    scanf("%c", &diet);
    if(sex=='M'||sex=='m')
        myHeight=(faHeight+moHeight)*0.54;        /*男性身高计算公式*/
    else
        myHeight=(faHeight*0.923+moHeight)/2;     /*女性身高计算公式*/
    if(sports == 'Y')
        myHeight = myHeight * (1 + 0.02);         /*喜欢运动,身高再增加2%*/
    if(diet == 'Y')
        myHeight = myHeight * (1 + 0.015);        /*饮食健康,身高再增加1.5%*/
    printf("Your future height will be %.2f(cm)\n", myHeight);
}
```

运行结果：

```
Are you a boy(M/m) or a girl(F/f)?M
Please input your father's height(cm):188
Please input your mother's height(cm):160
Do you like sports(Y/N)?Y
Do you have a good habit of diet(Y/N)?Y
Your future height will be 194.55(cm)
```

实验5 循环结构程序设计

5.1 实 验 目 的

（1）掌握 while、do…while 和 for 循环结构的用法。
（2）掌握 break 和 continue 在循环语句中使用方法。
（3）掌握循环嵌套的应用。
（4）掌握循环结构程序设计。

5.2 预 习 知 识

知识点 1：while 语句

while 语句用来实现"当型"循环结构。

1. 一般格式

while(表达式)　语句；

2. 执行过程

执行过程如图 5-1 所示。

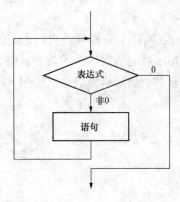

图 5-1　while 语句执行过程

（1）计算表达式的值。若结果是"真"（非 0）值时，转（2）；否则转（3）。
（2）执行循环体语句，然后转（1）。
（3）执行 while 语句的下一条。

知识点 2：do…while 语句

do…while 语句用来实现"直到型"循环结构。

1. 一般格式

```
do
    循环体语句
while(表达式);          /*本行的分号不能缺省*/
```

2. 执行过程

执行过程如图 5-2 所示。

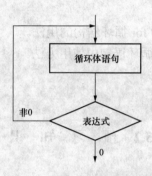

图 5-2   do while 语句执行过程

（1）执行循环体语句。

（2）计算"循环继续条件"表达式。

如果"循环继续条件"表达式的值为非 0（真），则转向（1）继续执行；否则，转向（3）。

（3）执行 do…while 的下一条语句。

do…while 循环语句的特点是：先执行循环体语句，然后再判断循环条件。

注意：

do…while 构成的循环与 while 循环十分相似，它们之间的重要区别是：while 循环的控制出现在循环体之前，只有当 while 后面的表达式的值为真时，才执行循环体；而 do…while 构成的循环，总是先执行一次循环体，然后再求表达式的值，因此无论表达式的值是否为假，循环体至少要执行一次。

知识点 3: for 语句

1. 一般格式

for(表达式 1;表达式 2;表达式 3) 语句

2. 执行过程

执行过程如图 5-3 所示。

（1）计算表达式 1。

（2）再判断表达式 2 是否为真。如果其值非 0，执行（3）；否则，转至（5）。

（3）执行循环体语句。

（4）计算表达式 3，然后转向（2）。

（5）执行 for 语句的下一条语句。

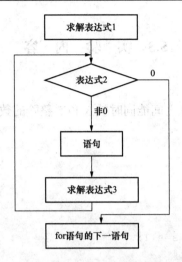

图 5-3 for 语句执行过程

知识点 4：两层 for 组成的双循环的执行过程

当外循环控制变量每确定一个值时，内循环的控制变量就要从头至尾循环一遍。

例如：

```c
#include "stdio.h"
void main()
{   int x,y;
    for (x=1;x<=2;x++)
        for(y=1;y<=3;y++)
            printf ("x=%d,y=%d\n",x,y);
}
```

运行结果：

```
x=1,y=1
x=1,y=2
x=1,y=3
x=2,y=1
x=2,y=2
x=2,y=3
```

知识点 5：break 语句和 continue 语句

1. break 语句

一般格式：break；

功能：在循环中当满足特定条件时，使用 break 语句强行结束循环，转向执行循环语句的下一条语句。

2. continue 语句

一般格式：continue；

功能：结束本次循环，即跳过循环体中下面未执行的语句，继续进行下一次循环。

5.3 实 验 内 容

1. 验证性实验

（1）编写程序求出 15～300 之间能同时被 3 和 5 整除的数的个数，运行程序，记录运行结果。

```
#include <stdio.h>
void main()
{
    int i,s=0;
    for(i=15;i<=300;i++)
    if(i%3==0&&i%5==0 ) s=s+1;
    printf("s=%d\n",s);
}
```

（2）计算 S=(1+1/2)+(1/3+1/4)+…+(1/(2n−1)+1/2n)，运行程序，记录运行结果。

```
#include <stdio.h>
void main()
{
    int i,n;
    double s=0.0;
    scanf("%d",&n);
    for(i=1;i<=n;i++)
        s=s+1.0/(2*i-1)+1.0/(2*i);
    printf("%f",s);
}
```

（3）利用下面的简单迭代方法求方程 cos（x）–x=0 的一个实根。迭代步骤如下：

①取 x1 初值为 0.0；

②x0=x1，将 x1 的值赋给 x0；

③x1=cos（x0），求出一个新的 x1；

④若 x0–x1 的绝对值小于 0.000001，执行步骤（5），否则执行步骤（2）；

⑤所求 x1 就是方程 cos（x）–x=0 的一个实根，作为函数值返回。

程序将输出结果 Root=0.739086，运行程序，记录运行结果。

```
#include <stdio.h>
#include <math.h>
void main()
{
    double x0,x1;
    x1=0.0;
    do
    {
        x0=x1;
        x1=cos(x0);
    }
    while(fabs(x0-x1)>=1e-6);
```

```
        printf("Root =%f\n", x1);
    }
```

（4）从键盘输入一个大于 3 的整数，判断其是否为素数，然后输出相应的结论信息。素数是仅能被 1 和自身整除的数，运行程序，记录运行结果。

```
#include <stdio.h>
void main()
{
    int i,j=1,m;
    scanf("%d",&m);
    for(i=2;i<m;i++)
    if(m%i==0) j=0;
    if(j)
        printf("%d is a prime.\n",m);
    else
        printf("%d is not a prime.\n",m);
}
```

（5）程序功能是从低位开始取出长整型变量 s 中偶数位上的数，依次构成一个新数放在 t 中。例如：当 s 中的数为：7654321 时，t 中的数为：642，运行程序，记录运行结果。

```
#include <stdio.h>
#include <math.h>
void main()
{   long s, t=0;
    long s1=10;
    printf("\nPlease enter s:");
    scanf("%ld", &s);
    s /= 10;
    t = s % 10;
    while(s > 0)
    {   s = s/100;
        t = s%10*s1 + t;
        s1= s1 * 10;
    }
    printf("The result is: %ld\n", t);
}
```

（6）程序功能是求 1-3+5-7+…-99+101 的值，运行程序，记录运行结果。

```
#include <stdio.h>
#include <math.h>
void main()
{   int i,n,s=0,f=1;/*i 为循环变量,s 为 1-3+5-7+…-n 的值,f 为数的符号*/
    scanf("%d",&n);
    for (i=1;i<=n;i+=2)
    {
        s=s+i*f;
        f=-f;
    }
    printf("%d",s);
}
```

（7）程序功能是求给定正整数 n 以内（包括 n）的素数之积，运行程序，记录运行结果。

```c
#include <stdio.h>
void main()
{
    long n,i,k,s=1;/*s 为素数之积*/
    scanf("%ld",&n);
    for(i=2;i<=n;i++)
    {   for(k=2;k<i;k++)
            if(i%k==0)break;
        if(k==i)s=s*i;
    }
    printf("%ld",s);
}
```

（8）输入 5 个整数 x，输出其中正整数的累加和 sum 与正整数的平均值 ave，输入/输出格式如以下示例：

　　如输入：10　0　20　–5　31

　　则输出：Sum=61，Average=20.3

　　运行程序，记录运行结果。

```c
#include <stdio.h>
#include <math.h>
void main()
{   int i, x, n, sum;/*sum 为正整数的累加和,n 为正整数的个数*/
    float ave;
    n = 0;sum = 0;
    for ( i=0; i<5; i++ )
    {
        scanf( "%d", &x );
        if ( x>0 )
        {
            sum += x;
            n++;
        }
    }
    ave = (float)sum / n;
    printf( "Sum=%d, Average=%4.1f\n", sum, ave );
}
```

2. 设计性实验

（1）计算并输出下列多项式的值。S=1/(1×2)+1/(2×3)+…+1/(n×(n+1))

例如：当 n=10 时，函数值为 0.909091，请将程序补充完整。

```c
#include <stdio.h>
void main()
{
    int i,n;
    double s=0.0;
    scanf( "%d", &n );
    for(i=1;i<=n;i++)
```

```
    s=s+_____;      /*求级数的和*/
   printf( "%f ", s );
}
```

（2）下面程序是求两个正数的最大公约数和最小公倍数，请将程序补充完整。

```
#include <stdio.h>
void main()
{  int m,n,t,r,a;
   scanf("%d%d",&m,&n);        /*两个正数为 m 和 n*/
   a=m*n;                      /*m 和 n 的积除以最大公约数,将得出最小公倍数*/
   if(m<n) {  _____ }        /*若 m<n,则互换 m 和 n 的值,t 为中间变量*/
   r=m%n;                      /* r 为余数*/
   while(r)
       { m=n;
         n=r;
         r=_____; }
   printf("%d %d \n",n,a/n);   /*输出最大公约数、最小公倍数*/
}
```

（3）在屏幕上输出九九乘法表，请将程序补充完整。

```
#include<stdio.h>
void main()
{
   int i,j;
   for(i=1;i<=9;i++)               /*共输出九行*/
   {    for(j=1;j<=9;j++)          /*每行输出九列*/
           printf("%d*%d=%d ", i,j, _____ );
        printf("\n");              /*每行输出完后换行*/
   }
}
```

（4）公式 e=1+1/1!+1/2!+1/3!+…，求 e 的近似值，精度为 10 的-6 次方，请将程序补充完整。

```
#include <stdio.h>
void main()
{
   double e=1;
   double jc=1;//求阶乘,并存入 jc 中
   int i=1;
   while(1/jc>=10e-6)
   {
      e=e+1/____;
      i++;
      jc=jc*i;
   }
   printf("\njc=%f\n",jc);
}
```

（5）程序功能是求一个自然数 n 的各位数字的积。（n 是小于 10 位的自然数），请将程序补充完整。

```
#include <stdio.h>
void main()
{
    long  n,d,s=1;
    printf("Enter n: ");
    scanf("%ld", &n);
    while (n>0)
    {   d=n%10;
        s*=d;
        n=_____;
    }
    printf("\nThe result is %ld\n", s);
}
```

（6）找出 1000 以内的所有完数。[一个数若恰好等于它的真因子（即除了本身以外的约数）之和，这个数就称为完数，如 6=1+2+3] 请将程序补充完整。

```
#include <stdio.h>
void main()
{
    int i,j,s=1;
    for(i=2;i<=1000;i++)
    {
        s=1;
        for(j=2;j<=i/2;j++)
           if(i%j==0)
               s+=j;
           if(i==_____)
             printf("%d\n",i);
    }
}
```

（7）程序功能是求 n 以内（不包括 n）同时能被 5 与 11 整除的所有自然数之和的平方根 s，请将程序补充完整。

```
#include <stdio.h>
#include <math.h>
void main()
{   double  s = 0.0;
    int i,n;
    scanf("%d",&n);
    for(i = 0; i < n; i++)
      if(_____)
          s = s + i;
    s = sqrt(s);
    printf("s=%f\n", s);
}
```

（8）输入正整数 m 和 n（设 100≤m≤n≤999），输出 m 到 n 之间满足下列条件的三位数：它的个位数的立方加十位数的平方再加上百位数等于该数的本身，请将程序补充完整。

（例如 135=1+3*3+5*5*5）。

如输入：135   600

则输出：135　175　518　598

```c
#include <stdio.h>
void main()
{
    int  i,a,b,c,m,n;
    scanf( "%d%d", &m, &n );
    for ( i=m; i<=n; i++ )
    {
        a = i%10;
        b = i/10%10;
        c = i/100%10;
        if ( i==_____ )
            printf( "%d ", i );
    }
}
```

（9）求一个四位数的各位数字的立方和，请将程序补充完整。

```c
#include <stdio.h>
void main()
{
    int n,d,s=0;
    scanf("%d",&n);
    while (n>0)
    {   d=n%_____;
        s+=d*d*d;
        n/=_____;
    }
    printf( "%d ", s );
}
```

（10）程序功能是：求 Fibonacci 数列中大于 t 的最小的数，结果由函数返回。Fibonacci 数列 F（n）的定义为：F（0）=0，F（1）=1，F（n）=F（n-1）+F（n-2），请将程序补充完整。

```c
#include <stdio.h>
#include <math.h>
void main()
{   int n=1000;
    int f0 = 0, f1 = 1, f ;
    do
    {
        f = f0 + f1 ;
        f0 = _____ ;
        f1 = _____ ;
    }
    while(f < n) ;
    printf("n = %d, f = %d\n",n, f);
}
```

实验 5　设计性实验
参考答案

3. 综合性实验
综合案例——猜数游戏

【案例简介】

由计算机随机产生一个 1 到 100 之间的数，由玩家来猜，如果猜对了，则结束游戏，并在屏幕上输出该玩家猜了多少次才猜中此数，以此来反映玩家"猜"的水平；否则计算机给出提示，告诉玩家所猜的数是太大还是太小，最多可以猜 10 次，如果猜了 10 次仍未猜中的话，则停止本次猜数；然后继续产生下一个数让玩家猜……每次运行程序可以反复猜多个数，直到操作者想停止时才结束。

在这个游戏中，将尝试编写一个猜数游戏程序，这个程序看上去有些难度，但是如果你按下列要求以循序渐进方式进行编程实现，你就会发现其实这个程序是很容易实现的。先编写第一个程序，然后试着在第一个程序的基础上编写第二个、第三个程序。

【案例目的】

通过本案例，了解结构化程序设计方法中的循环结构，熟练掌握三种循环语句以及它们之间相互的嵌套方式，解决一些简单的循环问题。

【实现方案】

```c
#include <stdio.h>
#include <stdlib.h>
#include <time.h>                    /*将函数 time 所需要的头文件 time.h 包含到程序中*/
void main()
{
    int  magic;                     /*计算机产生的数*/
    int  guess;                     /*玩家猜的数*/
    int  counter;                   /*记录猜的次数*/
    char reply;                     /*用户键入的回答*/
    printf("***************************\n");
    printf("**          猜字游戏          **\n");
    printf("***************************\n");
    printf("Welcome to here!\n\n");
    counter=0;
    srand(time(NULL));              /*用标准库函数 srand 为函数 rand 设置随机数种子*/
    do                              /*双循环*/
    {
        magic=rand() % 100+1;   /*产生 1-100 之间的随机数*/
        counter = 0;
        do
        {
            printf("Please guess a magic number:");
            scanf("%d", &guess);
            counter ++;
            if (guess > magic)
            {
                printf("Wrong!Too high!\n");
            }
            else if (guess < magic)
            {
                printf("Wrong!Too low!\n");
            }
            else
```

```
        {
            printf("Right!\n");
        }
    }while ((guess!=magic) && (counter<10));
                        /*猜不对且未超过 10 次时继续猜*/
    printf("counter = %d\n", counter);
    printf("Do you want to continue(Y/N or y/n)?");
    getchar();
    scanf("%c", &reply);
    }while((reply == 'Y')||(reply == 'y'));
    printf("The game is over!\n");
}
```

程序结果：

实验 6 数 组 实 验

6.1 实 验 目 的

（1）掌握一维数组定义、初始化及引用方法。
（2）掌握二维数组的定义、初始化及引用方法。
（3）掌握字符数组和字符串函数的使用。
（4）掌握与数组有关的常用算法。

6.2 预 习 知 识

知识点 1: 数组

数组是数目固定、类型相同的若干个变量的有序集合。这些变量在内存中占用连续的存储单元，在程序中具有相同的名字，但具有不同的下标，因此称这些变量为"下标变量"或数组元素。

知识点 2: 一维数组定义与引用

1. 一维数组定义的方式
数据类型数组名 1［常量表达式 1］［，数组名 2［常量表达式 2］……］；
例如：int a[10]；10 表示 a 数组有 10 个元素，它们为：
a[0]，a[1]，a[2]，a[3]，a[4]，a[5]，a[6]，a[7]，a[8]，a[9]
例如：下面的定义是错误的。

```
int  n;
scanf("%d",&n);
int  a[n];
```

2. 数组元素的表示形式
数组名［下标表达式］
"下标表达式"可以是任何非负整型数据，取值范围是 0～（元素个数−1）。
特别强调：在运行 C 语言程序过程中，系统并不自动检验数组元素的下标是否越界。因此在编写程序时，保证数组下标不越界是十分重要的。

知识点 3: 一维数组元素的初始化

在定义数组时，如果已经知道元素的具体值，C 语言允许对数组元素赋初值。
1. 一维数组初始化格式
数据类型数组名［常量表达式］={初值表}

如：int a[6]={0，1，2，3，4，5}；

2．说明

（1）定义数组时，对元素初始化。

例如：int a[5]={1，2，3，4，5}；

经过上面定义和初始化后：a[0]=1，a[1]=2，a[2]=3，a[3]=4，a[4]=5

（2）"初值表"中的初值个数，可以少于元素个数，即允许只给部分元素赋初值，后几个元素值为0。

例如：int a[6]={1，2，3}；

a[0]=1，a[1]=2，a[2]=3，a[3]=0，a[4]=0，a[5]=0

（3）如果想使一个数组中全部元素值为0，可以写成：

int a[5]={0，0，0，0，0}；或者 int a[5]={0}；

（4）如果对数组的全部元素赋以初值，定义时可以不指定数组长度。

例如：int a[ ]={1，2，3，4，5}；等价于 int a[5]={1，2，3，4，5}；

如果被定义数组的长度，与初值个数不同，则数组长度不能省略。

例如：int a[10]={1，2，3，4，5}；

只初始化前 5 个元素，后 5 个元素为 0。

知识点 4： 二维数组定义

二维数组的定义方式如下：

数据类型 数组名[常量表达式 1][常量表达式 2]；

例如：int b[3][4]；

数组 b 中共包含了 3×4 个数组元素，其行列下标均从 0 开始，数组元素为：

	第 0 列	第 1 列	第 2 列	第 3 列
第 0 行	b[0][0]	b[0][1]	b[0][2]	b[0][3]
第 1 行	b[1][0]	b[1][1]	b[1][2]	b[1][3]
第 2 行	b[2][0]	b[2][1]	b[2][2]	b[2][3]

知识点 5： 二维数组的初始化

1．二维数组初始化格式

数据类型数组名[行下标][列下标]={{常量列表}，……}；

2．说明

（1）分行给二维数组赋初值。

int b[3][4]={{1，2，3，4}，{5，6，7，8}，{9，10，11，12}}；

（2）所有数据全写在一个括号内，按二维数组在内存中的排列顺序给各元素赋初值。

int b[3][4]={1，2，3，4，5，6，7，8，9，10，11，12}；

（3）可以对部分元素赋初值，其余元素值均为0。

例如：int a[4][4]={{1}，{5}，{9}，{7}}；

对应二维数组的数组元素赋值情况：

```
                    1  0  0  0
                    5  0  0  0
                    9  0  0  0
                    7  0  0  0
```

例如：int a[3][4]={{1}，{0，6}，{0，0，9}}；

对应二维数组的数组元素赋值情况：

```
                    1  0  0  0
                    0  6  0  0
                    0  0  9  0
```

（4）如果对全部元素都赋初值，则"行数"可以省略。

注意：只能省略"行数"，列数不能省略。

例如：int b[ ][4]= {1，2，3，4，5，6，7，8，9，10，11，12}；

等价于：int b[3][4]={1，2，3，4，5，6，7，8，9，10，11，12}；

定义时也可以只对部分元素赋初值，要省略行数，必须分行赋初值。

例如：int b[ ][4]={{0，0，3}，{1}，{0，10}}；

这样的写法能通知编译系统，数组共有 3 行。

知识点 6： 字符数组的定义和初始化

1. 字符数组的定义

char 数组名[常量表达式]；

例如：char b[10]；

2. 字符数组的初始化

char c[10]={'p'，'r'，'o'，'g'，'r'，'a'，'m'}；

3. 字符数组的整体初始化

char s[ ]={"We study C"}；

或写成：char s[ ]= "We study C"；

知识点 7： 字符数组的输入/输出

字符数组的输入/输出可以有以下两种方法：

（1）用%c 格式将字符逐个输入/输出。

（2）用%s 格式将字符串整体输入/输出。

知识点 8： 字符串处理函数

1. 输入字符串——gets( )函数

（1）调用方式：gets(str)；

（2）函数功能：是从终端键盘输入字符串（字符串可以包括空格），直到遇到回车符为止，回车符读入后，不作为字符串的内容，系统将自动用'\0'代替，作为字符串的结束标志。

2. 输出字符串——puts( )函数

（1）调用方式：puts(str)；

（2）函数功能：是从 str 指定的地址开始，依次输出存储单元中的字符，直到遇到字符串结束标志的第 1 个'\0'字符为止。

3. 字符串比较——strcmp( )函数

（1）调用方式：strcmp（字符串 1，字符串 2）。

其中"字符串"可以是串常量，也可以是一维字符数组。

（2）函数功能：比较两个字符串的大小。

如果：字符串 1==字符串 2，函数返回值等于 0；

字符串 1<字符串 2，函数返回值负整数；

字符串 1>字符串 2，函数返回值正整数。

4. 拷贝字符串——strcpy( )函数

（1）调用方式：strcpy（字符数组 1，字符串 2）。

其中"字符串"可以是串常量，也可以是字符数组。

（2）函数功能：将"字符串 2"完整地复制到"字符数组 1"中，字符数组 1 中原有内容被覆盖。

5. 连接字符串——strcat( )函数

（1）调用方式：strcat（字符数组 1，字符串 2）。

（2）函数功能：把"字符串 2"连接到"字符数组 1"中的字符串尾端，并存储于"字符数组 1"中。"字符数组 1"中原来的结束标志，被"字符串 2"的第一个字符覆盖。函数调用后得到一个函数值——字符数组 1 的地址。

6. 求字符串长度——strlen( )函数

（1）调用方式：strlen（字符串）。

（2）函数功能：求字符串（常量或字符数组）的实际长度（不包含结束标志）。

6.3 实 验 内 容

1. 验证性实验

（1）分析并运行下面程序，程序功能是将一个一维数组中值按逆序重新存放。

```
#define N 10
#include <stdio.h>
void main()
{   int a[N]={1,3,9,5,8,2,33,15,56,78},i,t;
    for(i=0;i<N/2;i++)
       {t=a[i];a[i]=a[N-1-i];a[N-1-i]=t;}
    for(i=0;i<N;i++)
    printf("% 4d",a[i]);
}
```

（2）分析并运行下面程序，程序功能是已有一个已排好序的数组，输入一个数后，按原来排序的规律将它插入到数组中。

```
#include <stdio.h>
void main()
{   int a[11]={0,2,4,6,8,11,13,16,19,22},i, x;
```

```
    scanf("%d",&x);
    for(i=9;a[i]>x&&i>=0;i--)
        a[i+1]=a[i];
    a[i+1]=x;
    for(i=0;i<=10;i++)
        printf("%4d",a[i]);
}
```

（3）分析并运行下面程序，已知 int [3][4]={33，33，33，33，44，44，44，44，55，55，55，55}；将二维数组中的数据按行的顺序依次放到一维数组中。

```
#include <stdio.h>
void main()
{   int s[3][4]= {33,33,33,33,44,44,44,44,55,55,55,55},i,j,k=0,a[12];
    for(i=0;i<3;i++)
        for(j=0;j<4;j++)
            a[k++]=s[i][j];
    for(i=0;i<12;i++)
        printf("%4d",a[i]);
}
```

（4）分析并运行下面程序，t 指向一个 M 行 N 列的二维数组，求出二维数组每列中最大元素，并依次放入 p 数组中。

```
#include <stdio.h>
#define M  3
#define N  4
void main()
{
    int t[M][N] = {{68, 32, 54, 12},{14, 24, 88, 58},{42, 22, 44, 56}};
    int p[N], i, j,k, max;
    for(j = 0; j < N; j++)
    {
        max = t[0][j];
        for(i = 0; i < M; i++)
            if(t[i][j] > max)
                max = t[i][j];
        p[j] = max;
    }
    printf("\nThe result  is:\n");
    for(k = 0; k < N; k++)
        printf("%4d", p[k]);
    printf("\n");
}
```

（5）分析并运行下面程序，输入两个字符串 a，b（<40 个字符），将两者连接后输出 c（不能用 strcat 库函数）。

```
#include <stdio.h>
#include <string.h>
void main()
{
    char  a[40], b[40], c[80];
```

```
    int  i, j;
    printf("分二行输入两个字符串: \n");
    gets(a);  gets(b);
    for( i=0; a[i]!='\0'; i++)  c[i]=a[i];
    for( j=0; b[j]!='\0'; j++)  c[i+j]=b[j];
    c[i+j]='\0';
    puts(c);
}
```

（6）分析并运行下面程序，一个 3×5 的整数矩阵，输出其中最大值 max、最小值 min 和它们各自的下标。

```
#include <stdio.h>
void main( )
{
    int  a[3][5]={0,1,2,3,4,5,6,7,8,9,10,11,12,13,14}, i, j;
    int max,min,maxl=0,maxh=0,minl=0,minh=0;
    max=min=a[0][0];
    for(i=0; i<3; i++)
    for (j=0; j<5; j++)
    {
        if (a[i][j]>max)
        {
            max=a[i][j];
            maxl=i;
            maxh=j;
        }
        if (a[i][j]<min)
        {
            min=a[i][j];
            minl=i;
            minh=j;
        }
    }
    printf ( "最大值=%d,下标:%d 行,%d 列\n ", max, maxl, maxh);
    printf ( "最小值=%d,下标:%d 行,%d 列\n ", min, minl, minh);
}
```

（7）分析并运行下面程序，对长度为 7 个字符的字符串，除首、尾字符外，将其余 5 个字符按 ASCII 值码升序排列。运行程序后输入字符串为 Bdsihad，则排序后输出应为 Badhisd。

```
#include <stdio.h>
void main( )
{
    char s[10]="Bdsihad";
    char t;
    int i, j;
    for(i = 1; i < 5; i++)
      for(j = i + 1; j < 6; j++)
        if(s[i] > s[j])
        {
            t = s[i];
```

```
            s[i] = s[j];
            s[j] = t;
        }
    printf("\n%s",s);
}
```

（8）分析并运行下面程序，求出 1000 以内前 20 个不能被 2，3，5，7 整除的数之和。

```
#include <stdio.h>
void main()
{   int i,j=0,a[20],sum=0;   /*不能被 2,3,5,7 整除的数保存在 a 数组中*/
    for(i=0;i<1000;i++)
    {
        if((i%2!=0)&&(i%3!=0)&&(i%5!=0)&&(i%7!=0))
                a[j++]=i;
        if(j>19) break;
    }
    for(i=0;i<20;i++)
        sum+=a[i];
    printf("和为:%d\n",sum);
}
```

2. 设计性实验

（1）使二维数组左下三角元素中的值变成 0，请将程序补充完整。

```
#include <stdio.h>
void main ( )
{   int  a[3][3], i,j;
    for (i=0;i<3;i++)
        for (j=0;j<3;j++ )
            scanf("%d",&a[i][j]);
    for(i=0;i<3 ;i++)
        for(j=0;j<= _____;j++)
            _____ ;
    for (i=0;i<3;i++ )
    {   for (j=0;j<3;j++ )
        printf( "%4d", a[i][j] );
        printf("\n");
    }
}
```

（2）在键盘上输入一个 3×3 矩阵的各个元素的值（值为整数），然后输出主对角线元素的平方和，请将程序补充完整。

```
#include <stdio.h>
void main()
{
    int i,j,sum=0,a[3][3];;
    for(i=0;i<3;i++)
    {
        for(j=0;j<3;j++)
            scanf("%d",_____);
    }
```

```
    for(i=0;i<3;i++)
        sum=sum+_____;
    printf("Sum=%d\n",sum);
}
```

（3）求出二维数组周边元素之和，二维数组的值在主函数中赋予，请将程序补充完整。

```
#include <stdio.h>
#define M 4
#define N 5
void main()
 {
    int a[M][N]={{1,3,5,7,9},{2,4,6,8,10},{2,3,4,5,6},{4,5,6,7,8}};
    int s=0,i,j;
    for(i=0;i<M;i++)
        s=s+a[i][0]+ _____ ;
    for(j=1;j<N-1;j++)
        s=s+a[0][j]+ _____ ;
    printf("s=%d\n",s);
}
```

（4）已知某班 5 名学生的三门课成绩。试编写程序，输入这 5 个学生的三门课成绩
a[5][3]，输出每门课成绩的平均分 vag[3]，请将程序补充完整。

```
#include <stdio.h>
void main()
{
    float   a[5][3], vag[ ]={0,0,0};
    int  i ,j;
    printf("每人一行,输入 5 名学生的三种成绩\n");
    for(i=0;  i<5;  i++)
       for(j=0;  j<3;  j++)
          scanf("%f", &a[i][j]) ;
    for(j=0 ; j<3; j++)
        for(i=0;  i<5;  i++)
           vag[j]=vag[j]+a[i][j];
    for(j=0; j<3; j++)  vag[j]= _____ ;
        printf("%f\n %f\n %f\n ", vag[0],vag[1],vag[2]);
}
```

（5）将 s 数组中保留下标为偶数、同时 ASCII 值也为偶数的字符，其余的全部删除；
串中剩余字符所形成的一个新字符串放在 t 数组中。例如，若 s 字符串中的内容为：
"ABCDEFG123456"，最后 t 数组中的内容应是："246"。请将程序补充完整。

```
#include <stdio.h>
#include <string.h>
void main()
{ char s[81],t[81];
   int i,j=0;
   gets(s);
   for(i=0;s[i];i++)
      if(i%2==0&&s[i]%2==0)
```

```
        t[j++]=s[i];
    t[j]= _____ ;
    puts(t);
}
```

（6）假定输入的字符串中只包含字母和*号，编程，删除字符串中所有的*号。例如，字符串中的内容为：****A*BC*DEF*G*******，删除后，字符串中的内容应当是：ABCDEFG。请将程序补充完整。

```
#include <stdio.h>
void main()
{   char a[80]= "****A*BC*DEF*G*******";
    int i, j=0;
    for(i=0;a[i];i++)
       if(a[i]!= '*')
          a[_____]=a[i];
    a[j]=0;
    puts(a);
}
```

（7）编写函数 fun 对主程序中用户输入的具有 10 个数据的数组 a 按由大到小排序，并在主程序中输出排序结果，请将程序补充完整。

```
#include <stdio.h>
void main()
{
    int a[10],i,j,t;
    printf("请输入数组 a 中的十个数:\n");
    for (i=0;i<10;i++)
    scanf("%d",&a[i]);
    for (i=0;i<9;i++)
    for (j=_____;j<10;j++)
            if (a[i]<a[j])
               {
                   t=a[i];
                   a[i]=a[j];
                   _____=t;
               }
    printf("由大到小的排序结果是:\n");
    for (i=0;i<10;i++)
       printf("%4d",a[i]);
    printf("\n");
}
```

（8）实现两个字符串的连接（不要使用库函数 strcat），即把 p2 所指的字符串连接到 p1 所指的字符串的后面。例如：分别输入下面两个字符串：FirstString--SecondString
程序输出：FirstString--SecondString，请将程序补充完整。

```
#include <stdio.h>
void main()
{
    char s1[80], s2[40] ;
```

```
    int i,j;
    scanf("%s%s", s1, s2) ;
    for(i=0;s1[i]!='\0';i++) _____
    for(j=0;s2[j]!='\0';j++)
        s1[i++]=s2[j];
    s1[i]=_____ ;
    printf("%s\n", s1) ;
}
```

（9）找出 2×M 整型二维数组中最大元素的值，请将程序补充完整。

```
#include <stdio.h>
#define M 4
void main()
{
    int a[2][M]={5,8,3,45,76,-4,12,43} ;
    int i,j,max=a[0][0];
    for(i=0;i<2;i++)
        for(j=0;j<M;j++)
            if(max<_____)
                max=a[i][j];
    printf("max =%d\n", max) ;
}
```

（10）求大于等于 lim（lim 小于 100 的整数）并且小于 100 的所有素数并放在 aa 数组中，请将程序补充完整。

```
#include<stdio.h>
#define MAX 100
void main()
{
    int limit,i,j,n=0;
    int aa[MAX];
    scanf("%d",&limit);
    for(i=limit;i<=100;i++)
    {   for(j=2;j<i;j++)
        if(i%j==0)_____;
        if(j==i) aa[n++]=i;
    }
    for(i=0;i<n;i++)
        printf("%5d",aa[i]);
}
```

（11）从键盘输入 10 个学生的成绩，统计及格（60 分及其 60 分以上）的人数，请将程序补充完整。

```
#include <stdio.h>
void main()
{
    int a[10], i, count = 0;
    for(i = 0; i < 10; i ++)
        scanf("%d", &a[i]);
    for(i = 0; i < 10; i ++)
```

```
        if(a[i] >= 60)
            _____;
    printf("%d", count);
}
```

（12）m 个人的成绩存放在 score 数组中，请编写函数 fun，它的功能是：将低于平均分的分数放在 below 所指的数组中。例如：当 score 数组中的数据为 10、20、30、40、50、60、70、80、90 时，below 中的数据应为 10、20、30、40，请将程序补充完整。

```
#include <stdio.h>
void main()
{
    int i,j=0, n, below[9];
    float av=0.0;
    int score[9]={10,20,30,40,50,60,70,80,90};
    for(i=0;i<9;i++)
        av=av+score[i]/9;
    for(i=0;i<9;i++)
        if(score[i]<_____)
            below[j++]=score[i];
    for(i=0;i<j;i++)
        printf("% d",below[i]);
}
```

（13）删除一个字符串中指定下标的字符。其中，a 指向原字符串，删除指定字符后的字符串存放在 b 所指的数组中，n 中存放指定的下标。例如：输入一个字符串 world，然后输入 3，则调用该函数后的结果为 word，请将程序补充完整。

```
#include <stdio.h>
void main()
{
    char a[20], b[20] ;
    int i,n,k=0;
    printf("Enter the string:\n") ;
    gets(a) ;
    printf("Enter the position of the string deleted:") ;
    scanf("%d", &n) ;
    for(i=0;a[i]!='\0';i++)
    if(i!=n)
        b[_____]=a[i];
    b[k]='\0';
    printf("The new string is: %s\n", b) ;
}
```

实验 6　设计性实验
参考答案

3. 综合性实验

综合案例——简单学生成绩统计应用程序的设计

【案例简介】

从小到大，每个人都经历了很多次的考试。每次考试之后，老师都会对考试成绩进行统计，根据学生的考试成绩进行下一步的教学工作。实际上，完全可以用 C 语言开发一个程序，以此来检验学生学习 C 语言的成果。

假设你就是一个程序员，现要求对某学院计算机 1 班开发一个成绩管理系统，针对以下要求进行设计：

（1）首先，需要任课老师对该课程每个学生的成绩进行录入，录入时按学号顺序进行即可。

（2）成绩录入后，在必要的时候能够显示全班的成绩，这样，就能够对该门课的成绩做到一目了然。

（3）为了便于老师更好地从成绩的角度对学生的掌握情况进行了解，系统还必须能够计算全班学生的平均分、最高分和最低分。

如果这个班级有 20 个学生，如何将这 20 个学生的成绩进行录入，并且还要对这 20 个成绩进行分析，显然，用普通变量是不能实现的。因为一个普通变量只能代表一个学生的成绩，20 个学生就需要 20 个变量，这显然不方便。此时，就需要使用数组。

【案例目的】

在实际的软件开发过程中，数组的使用是非常广泛的，很多应用的场合都必须要用到数组。通过本案例，使读者了解什么是数组，为什么要定义数组，数组主要使用在哪些场合。

【实现方案】

```c
#include <stdio.h>
#define N 20
void main()
{
    float a[N],ave,max,min;
    int i,maxxh,minxh;
    printf("--------------------------------------------------\n");
    printf("-              简单成绩管理系统              -\n");
    printf("--------------------------------------------------\n");
    printf("老师,你好!现在是成绩输入阶段,请对照学号输入相应的成绩\n");
    printf("该班级共有学生%d 人\n",N);
    printf("学号\t 成绩\n");
    for(i=0;i<N;i++)
    {
        printf("%d\t",i+1);
        scanf("%f",&a[i]); /*对应学号输入成绩,单击 Enter 键结束*/
    }
    printf("输入完毕,请单击任意键继续下面的操作...\n");
         /*maxxh 表示拥有最高分的学号,minxh 表示最低分对应的学号*/
    ave=0;                   /*初始化平均分为 0*/
    max=min=a[0];            /*先假设第一个学生的成绩既是最高分,又是最低分*/
    maxxh=minxh=1;           /*学号为 1 的学生既是最高分,又是最低分,下标从 0 开始的*/
    for(i=0;i<N;i++)
    {
        ave=ave+a[i];                      /*循环累加求学生的总分*/
        if(a[i]>max) {max=a[i];maxxh=i+1;} /*最高分对应的学号赋值给 maxxh*/
        if(a[i]<min) {min=a[i];minxh=i+1;} /*最低分对应的学号赋值给 minxh*/
    }
    ave=ave/N;                             /*二十个学生的总分除以人数,即得到平均分*/
    printf("这二十个学生的平均分为:%.2f\n",ave);
    printf("%d 号同学得了最高分%.1f 分\n",maxxh,max);
```

```
    printf("%d 号同学得了最低分%.1f 分\n",minxh,min);
}
```

运行结果：

实验 7 函 数 实 验

7.1 实 验 目 的

（1）掌握函数的定义和调用规则。

（2）掌握主调函数和被调函数之间数据传递规则。

（3）了解函数的返回值及其类型，并正确使用。

7.2 预 习 知 识

知识点 1：函数的定义

（1）任何函数（包括主函数 main（））都由函数说明和函数体两部分组成。根据函数是否需要参数，可将函数分为无参函数和有参函数两种。

1）无参函数的一般形式。

函数类型函数名（）
{
　　说明语句部分；
　　可执行语句部分；
}

2）有参函数的一般形式。

函数类型函数名（数据类型参数 1 [，数据类型参数 2…]）
{
　　说明语句部分；
　　可执行语句部分；
}

3）空函数的定义。

既无参数、函数体又为空的函数。其一般形式如下：

[函数类型] 函数名（）
{ }

（2）说明：

1）函数类型：指出 return 语句返回值的类型，它可以是 C 语言中任意合法的数据类型。如：int、float、char 等，函数类型省略时，系统默认为 int 型。

2）函数名：是一个标识符。标识函数的名称。

3）函数名后括号内是形式参数，写出参数的类型和名字。

如：int max（int n1，int n2）；不能写成：int max（int n1，n2）；

4）一个 C 语言程序由一个 main 主函数和多个子函数组成，执行从 main 函数开始，调用其他函数后，返回到 main 函数，在 main 函数中结束整个程序的运行。

5）函数定义不允许嵌套。

知识点 2：函数的调用

函数调用的一般形式：

函数名(实参表)；

函数调用可以分为调用无参函数和调用有参函数两种，如果是调用无参函数，则不用"实参表"，但括号不能省略。在调用有参函数时，要有"实参表"，各参数间用逗号隔开。

知识点 3：函数的调用方式

在 C 语言中，可以用以下几种方式调用函数：

（1）函数表达式。函数作为表达式的一项，出现在表达式中，以函数返回值参与表达式的运算。这种方式要求函数是有返回值的。

如：c=2*max(a, b)；

（2）函数语句。C 语言中的函数可以只进行某些操作而不返回函数值，这时的函数调用可作为一条独立的语句。

如：max(a, b)；

（3）函数实参。函数作为另一个函数调用的实际参数出现。这种情况是把该函数的返回值作为实参进行传送，因此要求该函数必须是有返回值的。

如：n=max(a, max(b, c))；

其中 max(b, c)是一次调用，它的值作为 max 另一次调用的实参。

知识点 4：函数的返回值与函数类型

1. 函数返回值与 return 语句

有参函数的返回值，是通过函数中的 return 语句来获得的。当然有参函数如果不需要返回值，也可以没有 return 语句。

（1）return 语句的一般格式：return（返回值表达式）；或 return 返回值表达式；

（2）return 语句的功能：返回调用函数，并将"返回值表达式"的值带给调用函数。

（3）一个函数中可以有一个以上的 return 语句，执行到哪一个 return 语句，哪一个语句起作用。

（4）被调用函数中可以无 return 语句，当无 return 语句时并不是不返回一个值，而是一个不确定的值。为了明确表示不返回值，可以用"void"定义成"无（空）类型"。

2. 函数类型

在定义函数时，对函数类型的说明，应与 return 语句中返回值表达式的类型一致。如果不一致，则以函数类型为准。如果省略函数类型，则系统一律按整型处理。

知识点 5：函数的形参与实参

函数的参数分为形参和实参两种，作用是实现数据传送。形参出现在函数定义中，只能在该函数体内使用。发生函数调用时，调用函数把实参的值复制 1 份，传送给被调用函数的形参，从而实现调用函数向被调用函数的数据传送。

关于形参与实参的说明：

（1）实参可以是常量、变量、表达式、函数等。无论实参是何种类型的量，在进行函数调用时，它们都必须具有确定的值，以便把这些值传送给形参。

（2）形参变量只有在被调用时，才分配内存单元；调用结束时，即刻释放所分配的内存单元。因此，形参只有在该函数内有效。调用结束，返回调用函数后，则不能再使用该形参变量。

（3）实参对形参的数据传送是单向的，即只能把实参的值传送给形参，而不能把形参的值反向地传送给实参。

（4）实参和形参占用不同的内存单元，即使同名也互不影响。

知识点 6： 函数的说明

如果调用自定义函数，函数的定义在调用语句之后，应对被调用函数进行说明，其目的是：使编译系统知道被调用函数返回值的类型、函数参数的个数、类型和顺序，便于调用时，对调用函数提供的实际参数的个数、类型和顺序进行检查，看是否与被调用函数一致。

对被调用函数进行说明，其一般格式如下：

函数类型　函数名(数据类型[　参数名 1][，数据类型[　参数名 2]…]);

例如：

```
#include "stdio.h"
void main()
{   int max(int n1, int n2);            /*函数的说明。注意末尾加;号*/
    int  a1,a2;                         /*a1,a2 是实际参数*/
    scanf("%d%d", &a1, &a2);            /*从键盘上输入 a1,a2 的值*/
    printf("max=%d\n", max(a1,a2));     /*函数调用*/
}
int max(int n1, int n2)                 /*定义一个函数 max(),n1,n2 为形参*/
{   int z;
    z=n1>n2?n1:n2;                      /*返回 n1,n2 中较大者 */
    return (z) ;
}
```

知识点 7： 函数的嵌套调用

函数的嵌套调用是指，在执行被调用函数时，被调用函数又调用了其他函数，其关系如图 7-1 所示。

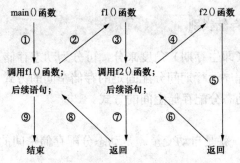

图 7-1　函数的嵌套调用示意图

知识点 8：函数的递归调用

函数的递归调用是指，一个函数在它的函数体内，直接或间接地调用它自身，如图 7-2 所示。

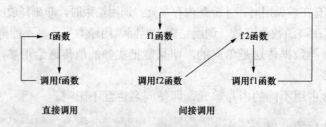

图 7-2　函数的递归调用

C 语言允许函数的递归调用。在递归调用中，调用函数又是被调用函数，执行递归函数将反复调用其自身。每调用一次就进入新的一层。

知识点 9：数组元素作为函数实参

数组元素就是下标变量，它与普通变量并无区别。数组元素只能用作函数实参，其用法与普通变量完全相同：在发生函数调用时，把数组元素的值传送给形参，实现单向值传送。

知识点 10：数组名作为函数实参

数组名作函数参数时，既可以作形参，也可以作实参。

数组名作函数参数时，要求形参和相对应的实参都必须是类型相同的数组（或指向数组的指针变量），都必须有明确的数组说明。

知识点 11：局部变量与全局变量

1. 局部变量

在一个函数内部或一个复合语句内定义的变量称为局部变量，它只在本函数范围或该复合语句内有效。不同函数中可以使用相同名字的内部变量。

2. 全局变量

在函数外部定义的变量，它的作用域是：从定义变量的位置开始，到本文件结束。外部变量可被作用域内的所有函数直接引用。

知识点 12：变量的存储类别

从变量值存在的时间（即生存期）角度来分，可分为动态存储方式和静态存储方式。

静态存储方式是指在程序运行期间分配固定的存储空间的方式。动态存储方式则是在程序运行期间根据需要进行动态分配存储空间的方式。

1. 自动变量

如果定义时不加 static，就是自动变量。是动态分配存储空间的。

例如：

```
int f(int a)
{  auto int b,c=3;
    ……
}
```

a 是形参，b，c 是自动变量，执行完 f 函数后，自动释放 a，b，c 所占的存储空间。关键字 "auto" 可以省略。

auto int b，c；和 int b，c；是等价的。

2. 静态变量

有时希望函数中的内部变量的值在函数调用结束后不消失而保留原值，在下一次调用该函数时，该变量已有值，就是上一次函数调用结束的值。这时用 "静态变量"。

定义格式：static   数据类型变量表；

7.3 实 验 内 容

1. 验证性实验

（1）按以下递归公式求函数值，分析下面程序的输出结果。

```
#include <stdio.h>
int fun(int n)
{
   if (n == 1)
        return 1;
   else
    return fun(n - 1)*n;}
void main()
{ int n;
   scanf("%d", &n);
   printf("%d\n", fun(n));}
```

（2）求 n 以内同时能被 3 与 5 整除的所有数的个数，作为函数值返回，分析下面程序的输出结果。

```
#include <stdio.h>
int fun( int n)
{  int i, s=0;
   for(i=1;i<=n;i++)
        if(i%3==0&&i%5==0)  s++;
   return s;}
void main()                      /* 主函数 */
{  printf("s =%d\n", fun ( 1000) );
 }
```

（3）编写程序计算并输出：1+12+123+1234+……的前 n（设 0<n<10）项的和 sum，n 从键盘输入，分析下面程序的输出结果。

例如输入：3   则输出：136
又如输入：6   则输出：137171

```
#include <stdio.h>
```

```
long sum(int n)
{    int i;
     long  k=0, s=0;
     for ( i=1; i<=n; i++ )
     {
          k = 10*k + i;
          s += k;
     }
     return s;
}
void main()
{    int n;
     scanf("%d",  &n);
     printf("sum=%ld\n",sum(n));
}
```

（4）判断一个整数 w 的各位数字平方之和能否被 5 整除，可以被 5 整除则返回 1，否则返回 0，分析下面程序的输出结果。

```
#include <stdio.h>
int fun(int w)
{
    int k,s=0;
    do
    {  s=s+(w%10)*(w%10);
        w=w/10;
    }while(w!=0);
    if(s%5==0)k=1;
    else k=0;
    return(k);
}
void main()
{    int m;
     scanf("%d", &m);
     printf("\nThe result is %d\n", fun(m));
}
```

（5）计算出 k 以内最大的 10 个能被 13 或 17 整除的自然数之和。（k<3000），分析下面程序的输出结果。

```
#include <stdio.h>
int fun(int k)
{
    int a=0,b=0;
    while((k>=2)&&(b<10))
    {   if((k%13==0)||(k%17==0))
            {a=a+k;b++;}
        k--;
    }
    return a;
}
void main()
```

```
{
    int  m;
    scanf("%d", &m);
    printf("\nThe result is %d\n", fun(m));
}
```

（6）计算并输出给定整数的所有因子之积（包括自身）。规定这个整数的值不大于 50，分析下面程序的输出结果。

```
#include <stdio.h>
long int fun(int n)
{
    long  s=1,i;
    for(i=2;i<=n;i++)
        if(n%i==0)s=s*i;
    return s;
}
void main()
{   int  m;
    scanf("%d", &m);
    printf("\nThe result is %ld\n", fun(m));
}
```

（7）函数功能是求一个 3×4 整型二维数组中所有元素的平均值，分析下面程序的输出结果。

```
#include <stdio.h>
double fun(int a[3][4])
{   int i,j;
    double sum = 0;
    for (i = 0; i<3; i++)
        for (j = 0; j<4; j++)
            sum += a[i][j];
    return sum/12; }
void main()
{   int a[3][4] = { 2, 3, 4, 7, 9, 2, 4, 6, 1, 10, 20, 8 };
    printf("%f\n", fun(a));
}
```

（8）程序功能是计算并输出如下多项式的值，分析下面程序的输出结果。

Sn=1+1/1！+1/2！+1/3！+1/4！+…+1/n！

例如：若主函数从键盘给 n 输入 15，则输出为 S=2.718282。

```
#include <stdio.h>
double fun(int n)
{   double t,sn=1.0;
    int i,j;
    for(i=1;i<=n;i++)
    {
        t=1.0;
        for(j=1;j<=i;j++)
            t*=j;
        sn+=1.0/t;
```

```
        }
        return sn;
    }
void main()
{   int n;
    double s;
    scanf("%d",&n);
    s=fun(n);
    printf("s=%f\n",s);
}
```

（9）找出一个大于给定整数且紧随这个整数的素数，并作为函数值返回，分析下面程序的输出结果。

```
#include <stdio.h>
int fun(int n)
{   int i,k;
    for(i=n+1;;i++){
        for(k=2;k<i;k++)
            if(i%k==0) break;
        if(k==i) return(i);}
}
void main()
{   int m;
    scanf("%d", &m);
    printf("\nThe result is %d\n", fun(m));
}
```

2. 设计性实验

（1）函数的功能是：实现 B=A+A'，即把矩阵 A 加上 A 的转置，存放在矩阵 B 中，请将程序补充完整。

```
#include <stdio.h>
void fun ( int a[4][4], int b[4][4])
{   int i,j;
    for(i=0;i<4;i++)
        for(j=0;j<4;j++)
            b[i][j]= _____;}         /*实现 B=A+A'*/
void main( )                               /* 主程序 */
{
    int a[4][4] = {{1, 2, 3,4}, {4, 5, 6,4}, {7, 8, 9,1}}, s[4][4] ,i, j ;
    fun(a, s) ;
    for (i = 0 ; i < 4 ; i++)
    {  for (j = 0 ; j < 4 ; j++)
          printf("%6d", s[i][j]) ;
       printf("\n") ;}
}
```

（2）请编写函数 fun（int a[ ][N]，int m），该函数的功能是使数组右上半三角元素中的值乘以 m。请将程序补充完整。

```
#include <stdio.h>
#define N 3
```

```
void fun(int a[][N], int m)
{   int i,j;
    for(i=0;i<N;i++)
        for(j=i;j<N;j++)
            a[i][j]= _____;
}
void main()
{   int a[N][N],m, i, j;
    for(i=0;i<N;i++)
    {
            for(j=0;j<N;j++)
            scanf("%d",&a[i][j]);
    }
    scanf("%d",&m);
    fun(a,m);
    for(i=0;i<N;i++)
    {   for(j=0;j<N;j++)
            printf("%4d",a[i][j]);
        printf("\n");
    }
}
```

（3）请编写函数 fun，该函数的功能是：求出二维数组周边元素之和，作为函数值返回。
请将程序补充完整。

二维数组中的值在主函数中赋予。

例如：若二维数组中的值为：

$$
\begin{array}{ccccc}
1 & 3 & 5 & 7 & 9 \\
2 & 9 & 9 & 9 & 4 \\
6 & 9 & 9 & 9 & 8 \\
1 & 3 & 5 & 7 & 0
\end{array}
$$

则函数值为 61。

```
#include<stdio.h>
#define  M  4
#define  N  5
int fun( int a [M][N])
{
    int i,j,sum=0;
    for(i=0;i<M;i++)
        for(j=0;j<N;j++)
            if(i==0||i==_____||j==0||j==N-1)
                sum=sum+a[i][j];
    return sum;
}
void main()
{
    int aa[M][N]={{1,3,5,7,9},{2,9,9,9,4},{6,9,9,9,8},{1,3,5,7,0}};
    int i, j, y;
    printf ("The original data is :\n ");
```

```
      for(i=0; i<M;i++)
      {
            for (j=0; j<N;j++)
                  printf("%6d ",aa[i][j]);
            printf("\n ");
      }
      y=fun(aa);
      printf("\nThe sun: %d\n ",y);
      printf("\n ");
}
```

（4）编写函数 int fun（int lim, int aa[MAX]），其功能是求出小于或等于 lim 的所有素数并放在 aa 数组中，并返回所求出的素数的个数。请将程序补充完整。

```
#include <stdio.h>
#define MAX 100
int fun(int lim, int aa[MAX])
{
      int i,j,k=0;
      for(i=2;i<=lim;i++)
      {
            for(j=2;j<i;j++)
                  if(i%j==0) break;
            if(j>=i)
                  aa[_____]=i;
      }
      return k;
}
void main()
{
      int limit,i,sum;
      int aa[MAX];
      scanf("%d",&limit);
      sum=fun(limit,aa);
      for(i=0;i<sum;i++)
            printf("%5d ",aa[i]);
}
```

（5）求出 N×M 整型数组的最大元素及其所在的行坐标及列坐标（如果最大元素不唯一，选择位置在最前面的一个）。请将程序补充完整。

例如：输入的数组为：

$$\begin{array}{ccc} 1 & 2 & 3 \\ 4 & 15 & 6 \\ 12 & 18 & 9 \\ 10 & 11 & 2 \end{array}$$

求出的最大数为 18，行坐标为 2，列坐标为 1。

```
#include <stdio.h>
#define N 4
#define M 3
```

```
int Row,Col;
int fun(int array[N][M])
{   int max,i,j;
    max=array [0][0];
    Row=0;
    Col=0;
    for(i=0;i<N;i++)
    {   for(j=0;j<M;j++)
        if(max<array [i][j])
        {   max=_____;
            Row=i;
            Col=j;}
        }
    return(max);
}
void main()
{
    int a[N][M],i,j,max;
    for(i=0;i<N;i++)
        for(j=0;j<M;j++)
            scanf("%d",&a[i][j]);
    for(i=0;i<N;i++)
    {   for(j=0;j<M;j++)
        printf("%d",a[i][j]);
        printf("\n");
    }
    max=fun(_____);
    printf("max=%d,row=%d,col=%d",max,Row,Col);
}
```

（6）求 n 阶方阵主、副对角线上的元素之积。请将程序补充完整。

```
#include <stdio.h>
#define N 4
float mul(int arr[][N])
{   int i,j;
    float t=1;
    for(i=0;i<N;i++)
        for(j=0;j<N;j++)
            if(i==j||i+j==_____)
    t=t*arr[i][j];
    return(t);
}
void main()
{
    int a[N][N],i,j;
    for(i=0;i<N;i++)
        for(j=0;j<N;j++)
            scanf("%d",&a[i][j]);
    for(i=0;i<N;i++)
    {   for(j=0;j<N;j++)
            printf("%10d",a[i][j]);
```

```
        printf("\n");
    }
    printf("The sum is %f\n",mul(a));
}
```

（7）函数 fun( )的功能是：根据整型形参 m，计算如下公式的值。请将程序补充完整。

$$y = \frac{1}{100 \times 100} + \frac{1}{200 \times 200} + \frac{1}{300 \times 300} + \cdots + \frac{1}{m \times m}$$

例如，若 m=1000，则应输出：0.000155。

```
#include <stdio.h>
double  fun (int m)
{ double y = 0, d ;
  int i ;
  for(i = 100;i <= m; i += 100)
  {  d = (double)i * (double)i ;
     y += _____ ;
  }
  return _____ ;
}
void main()
{
  printf("\nThe result is %lf\n", fun (1000));
}
```

（8）请编写函数 fun，该函数的功能是：删除一维数组中所有相同的数，使之只剩一个。数组中的数已按由小到大的顺序排列，函数返回删除后数组中数据的个数。请将程序补充完整。

　　例如：若一维数组中的数据是：2 2 2 3 4 4 5 6 6 6 6 7 7 8 9 9 10 10 10 10 删除后，数组中的内容应该是：2 3 4 5 6 7 8 9 10。

```
#include <stdio.h>
#define N 80
int fun(int a[], int n)
{ int i,j=1;
   for(i=1;i<n;i++)
       if(a[j-1]!=a[i])
           a[j++]=a[i];
   return _____ ;
}
void main()
{
   int a[N]={ 2,2,2,3,4,4,5,6,6,6,6,7,7,8,9,9,10,10,10,10}, i, n=20;
   printf("The original data :\n");
   for(i=0; i<n; i++)
       printf("%3d",a[i]);
   n=fun(a,n);
   printf("\n\nThe data after deleted :\n");
   for(i=0; i<n; i++)
        printf("%3d",a[i]);
```

```
        printf("\n\n");
}
```

（9）功能：求给定正整数 m 以内（包含 m）的素数之和。请将程序补充完整。

例如：当 m=20 时，函数值为 77。

```
#include <stdio.h>
int fun(int m)
{   int i,k,s=0;
    for(i=2;i<=m;i++)
    { for(k=2;k<i;k++)
        if(i%k==0) _____;
      if(k==i)s=s+i;
    }
    return s;
}
void main()
{
    int y;
    y=fun(20);
    printf("y=%d\n",y);
}
```

（10）用函数求 N 个 [10，60] 上的整数中能被 5 整除的最大的数，如存在则返回这个最大值，如果不存在则返回 0。请将程序补充完整。

```
#include "stdlib.h"
#include <stdio.h>
#define N 30
int find(int arr[],int n)
{   int m=0;
    int i;
    for(i=0;i<n;i++)
        if(arr[i]%5==0 && arr[i]>m)
    m=arr[i];
    return_____;
}
void main()
{   int a[N],i,k;
    for(i=0;i<N;i++)
        a[i]=rand()%50+10;
    for(i=0;i<N;i++)
    {
        printf("%5d",a[i]);
        if((i+1)%5==0) printf("\n");
    }
    k=find(a,N);
    if(k==0)
        printf("NO FOUND\n");
    else
        printf("the max is:%d\n",k);
}
```

实验 7　设计性实验
参考答案

3. 综合性实验

综合案例——小学生四则运算测验系统的设计与开发

【案例简介】

通常，老师们为使学生们巩固所学知识，要布置大量作业、批改大量作业。为减轻老师们出题、批改作业的工作负担，某小学校长提出开发一个供小学生在计算机上进行数学练习的系统。

针对这个系统，提出了如下一些要求：

（1）提供简单的软件封面；

（2）能实现接收用户输入的数据，并能判断用户输入的答案正确与否，并进行自动判分，显示当前得分；

（3）算术题在加、减、乘、除中随机产生；每道题只有一次回答机会；

（4）每题做完之后，能够给出是否继续做题的提示，若输入"y"，则继续产生下一道题，否则退出系统。

在前几章节的学习中，由于程序源代码比较短，程序都在一个主函数中完成。这个程序其实可以看成是一个小型的系统，可把程序安排在多个函数中完成。

【案例目的】

通过本案例，了解模块化程序设计的思想，利用其思想，将系统分成几个模块，每个模块由相应的函数来完成，学生能够进行团队合作，分工编写这些函数，共同完成小型系统的开发。

【实现方案】

根据模块化程序设计的方法，结合函数的定义与使用，以及全局变量与静态变量的使用，提供小学生四则运算测验系统的源代码。

```c
#include<stdio.h>                    /*小学生四则运算测验系统*/
#include  <stdlib.h>
#include  <time.h>                   /*将函数 time 所需要的头文件 time.h 包含到程序中*/
int x,y;                            /*定义全局变量*/
void cover( )                       /*提供小学生四则运算测验系统的界面*/
{
    printf("    ------------------------\n");
    printf("   |         欢迎使用        |\n");
    printf("   |                        |\n");
    printf("   |  小学生四则运算测验系统  |\n");
    printf("   |                        |\n");
    printf("    ------------------------\n");
}
void question( )                    /*产生题目*/
{
    int a,b;
    srand(time(NULL));              /*用标准库函数 srand 为函数 rand 设置随机数种子*/
    a=rand()%20+1;                  /*将第一个随机数控制在 20 以内*/
    b=rand()%20+1;                  /*将第二个随机数控制在 20 以内*/
    printf("\n 请准备好\n");
    if(a%b==0&&b!=0)
    {
```

```
            printf("%d/%d=",a,b);
            x=a/b;
        }
        else if(a%3==0)
        {
            printf("%d*%d=",a,b);
            x=a*b;
        }
        else if(a%3==1)
        {
            printf("%d+%d=",a,b);
            x=a+b;
        }
        else
        {
            printf("%d-%d=",a,b);
            x=a-b;
        }
}
void results()                        /*显示得分*/
{
    static int score;                 /*静态变量用于累计总分*/
    scanf("%d",&y);                   /*输入用户计算的结果*/
    if(x==y)                          /*根据 y 的值,来判断是否加分*/
    {
        score+=10;                    /*等价于 score=score+10*/
        printf("恭喜你,答对了!加 10 分。\n");
        printf("你的最后得分为%d 分。\n",score);
    }
    else
    {
        printf("不好意思,小朋友,你答错了!\n");
        printf("你的最后得分为%d 分。\n",score);
    }
}
void main()
{
    char ans='y';
    cover();                          /*调用软件封面函数*/
    while(ans =='y'|| ans =='Y')
    {
        question( );                  /*调用产生题目函数*/
        results( );                   /*调用结果显示函数*/
        printf("\n 是否继续练习?(Y/N)\n");
        getchar( );
        ans=getchar( );
    }
    printf("\n 谢谢使用,再见!\n");
}
```

运行结果:

```
              欢迎使用

         小学生四则运算测验系统
   ————————————————————————————
请准备好
3*2=6
恭喜你，答对了！加10分。
你的最后得分为10分。

是否继续练习？〈Y/N〉
Y
请准备好
12*13=156
恭喜你，答对了！加10分。
你的最后得分为20分。

是否继续练习？〈Y/N〉
y
请准备好
2-20=-18
恭喜你，答对了！加10分。
你的最后得分为30分。

是否继续练习？〈Y/N〉

请准备好
8-11=-3
恭喜你，答对了！加10分。
你的最后得分为40分。

是否继续练习？〈Y/N〉
Y
请准备好
14/14=2
不好意思，小朋友，你答错了！
你的最后得分为40分。
```

实验 8 编译预处理

8.1 实验目的

（1）理解宏的概念。
（2）掌握定义无参宏和有参宏的方法。
（3）掌握文件包含的方法与应用。

8.2 预习知识

知识点 1: 宏定义与宏展开

1. 无参宏定义
无参宏定义的一般格式

```
#define    标识符    字符串
```

其中："define"为宏定义命令；"标识符"为所定义的宏名，通常用大写字母表示，以便于与变量区别；"字符串"可以是常数、表达式、格式串等。

2. 有参宏定义
带参宏定义的一般格式

```
#define    宏名(形参表)    字符串
```

带参宏的调用和宏展开

（1）调用格式：宏名（实参表）。
（2）宏展开：用宏调用提供的实参字符串，直接置换宏定义命令行中、相应形参字符串，非形参字符保持不变。

```
#define S(a,b) a*b
area=S(3,2);是宏展开,展开后为:area=3*2;
```

说明：

有参宏的展开，只是将实参作为字符串，简单地置换形参字符串，而不做任何语法检查。在定义有参宏时，在所有形参外和整个字符串外，均加一对圆括号。

知识点 2: 文件包含

文件包含是指，一个源文件可以将另一个源文件的全部内容包含进来。
文件包含处理命令的格式：

```
#include  "包含文件名"或#include <包含文件名>
```

两种格式的区别仅在于：

（1）使用双引号：系统首先到当前目录下查找被包含文件，如果没找到，再到系统指定的"包含文件目录"（由用户在配置环境时设置）去查找。

（2）使用尖括号：直接到系统指定的"包含文件目录"去查找。

知识点 3：条件编译

一般情况下，源程序中所有的行都参加编译。但是有时，希望对部分源程序行只在满足一定条件时才编译，即对这部分源程序行指定编译条件。

1. #ifdef 命令

一般形式如下：

```
#ifdef   标识符
    程序段 1
#else
    程序段 2
#endif
```

功能：当"标识符"已经被#define 命令定义过，则编译程序段 1，否则编译程序段 2。

2. #ifndef 命令

格式与#ifdef～#endif 命令一样，功能正好与之相反。即当"标识符"未被#define 命令定义过，则编译程序段 1，否则编译程序段 2。

3. #if 命令

其一般形式如下：

```
#if    表达式
        程序段 1
#else
        程序段 2
#endif
```

功能：当表达式为非 0（"逻辑真"）时，编译程序段 1，否则编译程序段 2。其中的#else 部分可以省略。

8.3 实 验 内 容

1. 验证性实验

（1）从分析下面程序的输出结果，然后上机验证。

```c
#include "stdio.h"
#define  MIN(x,y)  ((x) <(y) ? (x) : (y))
void main( )
{
    int a,b,c;
    scanf("%d%d",&a,&b);
    c=MIN(a,b);
    printf("MIN=%d",c);
}
```

（2）分析下面程序的输出结果，然后上机验证。

```
#define EXCHANGE(x, y) { int t; t=x ;x=y ; y=t ; }
#include "stdio.h"
void main ( )
{
    int a=15, b=10 ;
    printf ("a=%d ,b=%d\n", a , b );
    EXCHANGE(a , b);
    printf ("a=%d ,b=%d\n", a , b );
}
```

（3）分析下面程序的输出结果，然后上机验证。

```
#include "stdio.h"
#define MAX(x,y) (x)>(y) ? (x) :(y)
void main( )
{   int i,j,k;
    i=10;
    j=15;
    k=10*MAX(i,j);
    printf("%d",k);
}
```

（4）分析下面程序的输出结果，然后上机验证。

```
#include "stdio.h"
#define N 2
#define M N+2
#define CUBE(x) (x*x*x)
void main( )
{
    int i=M;
    i=CUBE(i);
    printf("%d",i);
}
```

（5）下面程序用于计算两个实数的立方及该两个实数和的立方，请修改程序中的错误。使之得到正确的结果。例如：输入的两个数分别是 2 和 3 输出结果如下。

a=2.00   CUBE（2.00）=8.00

b=3.00   CUBE（3.00）=27.00

a+b=5.00   CUBE（5.00）=125.00

```
#include "stdio.h"
#define CUBE(a) a*a*a        /*此处有错误,请改正*/
void main()
{
    float a,b;
    printf("input a&b:");
    scanf("%f%f",&a,&b);
    printf("\na=%.2f\tCUBE(%.2f)=%.2f",a,a,CUBE(a));
    printf("\nb=%.2f\tCUBE(%.2f)=%.2f",b,b,CUBE(b));
    printf("\na+b=%.2f\tCUBE(%.2f)=%.2f",a+b,a+b,CUBE(a+b));
}
```

2. 设计性实验

（1）编写一个程序求三个数中最大者，要求用带参宏实现。

（2）输入两个整数，求它们相除的余数，用带参的宏实现。

实验 8 设计性实验

参考答案

实验9　指　　针

9.1　实　验　目　的

（1）掌握指针、指针变量的定义。
（2）掌握指针的应用方法和注意事项。
（3）掌握指针与数组的关系。
（4）掌握指针与字符串的关系。
（5）熟悉指针作为函数的参数进行传递。

9.2　预　习　知　识

知识点 1：地址和指针的概念

1．地址

计算机硬件系统的内存储器中，拥有大量的存储单元，一个字节为一个单元，内存是以字节为单位来存储数据的。为了方便管理，必须为每一个存储单元编号，这个编号就是存储单元的"地址"。每个存储单元都有一个唯一的地址。如图9-1所示。

图9-1　变量在内存中存储示意图

2．指针与指针变量

指针——即是地址。

指针变量——专门用于存放其他变量首地址的变量。

把 2000 存放在变量 p 中，这里的 p 是指针变量，它指向 num 变量，num 变量的首地址 2000 是 num 变量的指针。

知识点 2：指针变量的定义与引用

1．指针变量的定义

一般格式：

数据类型　＊ 指针变量名

在定义指针变量时要注意两点：

（1）指针变量前面的*号表示变量的类型为指针变量。

（2）在定义指针变量时必须指定数据类型，它表示此指针是指向什么类型的变量。

例如：int *p；/* 变量 p 是指针变量，它指向整型变量　*/

char *q；/* 变量 q 是指针变量，它指向字符型变量　*/

2. 指针变量的引用

指针变量中只能存放地址（指针），不能将一个整型量（或任何其他非地址类型的数据）赋给一个指针变量。下面的赋值是不合理的：

```
int *p;
p=100;
```

与指针变量的引用的两个相关运算：

（1）&——取地址运算符，它的作用是取得变量所占用的存储单元的首地址。

（2）*——指针运算符（或称"间接访问"运算符）。

知识点 3：指针变量作为函数参数

函数的参数不仅可以是整型、实型、字符型等数据，还可以是指针变量。它的作用是将一个变量的地址传送到另一个函数中。指针变量既可以作为函数的形参，也可以作为函数的实参。

知识点 4：指针与一维数组的关系

若定义一个指针变量，使它指向一个数组，则该指针变量称为指向数组的指针变量。

例如：int　a[10], *p=a;

或者：int　a[10], *p=&a[0];

或者：int　a[10], *p;

　　　　p=a;

数组名代表首地址，数组元素的引用，既可用下标法，也可用指针法。指针与一维数组的关系如图 9-2 所示。

地址	数组a[10]	数组元素		地址	数组a[10]	数组元素	
a	a[0]	*a	a[0]	p	a[0]	*p	p[0]
a+1	a[1]	*(a+1)	a[1]	p+1	a[1]	*(p+1)	p[1]
a+2	a[2]	*(a+2)	a[2]	p+2	a[2]	*(p+2)	p[2]
a+3	a[3]	*(a+3)	a[3]	p+3	a[3]	*(p+3)	p[3]
a+4	a[4]	*(a+4)	a[4]	p+4	a[4]	*(p+4)	p[4]
a+5	a[5]	*(a+5)	a[5]	p+5	a[5]	*(p+5)	p[5]
a+6	a[6]	*(a+6)	a[6]	p+6	a[6]	*(p+6)	p[6]
a+7	a[7]	*(a+7)	a[7]	p+7	a[7]	*(p+7)	p[7]
a+8	a[8]	*(a+8)	a[8]	p+8	a[8]	*(p+8)	p[8]
a+9	a[9]	*(a+9)	a[9]	p+9	a[9]	*(p+9)	p[9]
		下标法	指针法			指针法	下标法

图 9-2　指针与一维数组的关系

知识点 5：指针变量的运算

1. 指针变量的移动

指针变量可以加上或减去一个整数 n，即实现了指针的移动。

例如：p+n   p–n   p++   p––   ++p   ––p

2. 指针变量相减

在一定条件下，两个指针可以相减。如果指向同一个数组的两个不同元素的指针相减，结果为两个指针变量间的元素个数。

3. 指针变量比较

在一定条件下，两个指针可以进行比较运算，即可进行大于、小于、大于等于、小于等于、等于和不等于的运算。例如，对于指向同一数据类型的两个指针变量 p1 和 p2：

如果 p1==p2，说明两个指针变量指向同一地址；

如果 p1>p2，说明 p1 指向比 p2 地址高的元素；

如果 p1<p2，说明 p1 指向比 p2 地址低的元素。

知识点 6：指向二维数组的指针和指针变量

对于二维数组 int a[3][4]，分析如下：

（1）a 表示二维数组的首地址，即第 0 行的首地址。

（2）a+i 表示第 i 行的首地址。

（3）a[i]等价于 *（a+i）表示第 i 行第 0 列的元素地址。

（4）a[i]+j 等价于 *（a+i）+j 表示第 i 行第 j 列的元素地址。

通常把指向行的地址，称为行指针，把指向数组元素的地址，称为列指针。

行指针变量的定义格式如下：

数据类型   (*指针变量) [长度]；

二维数组中的行地址、列地址表示如图 9-3 所示。

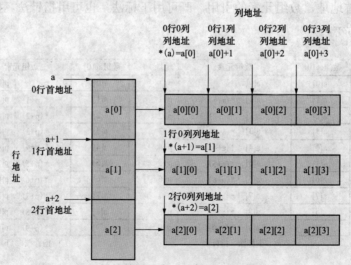

图 9-3 二维数组中的行地址、列地址表示

数组 a 的性质见表 9-1。

表 9-1　　　　　　　　　　　　　　**数组 a 的性质**

表示形式	含　　义
a	二维数组名，指向一维数组 a[0]，即 0 行首地址
a[0], *(a+0), *a	0 行 0 列元素地址
a+1, &a[1]	1 行首地址
a[1]+2, *(a+1)+2, &a[1][2]	1 行 2 列元素 a[1][2] 的地址
*(a[1]+2), *(*(a+1)+2), a[1][2]	1 行 2 列元素 a[1][2] 的值

 知识点 7：指向字符串的指针变量

（1）用字符数组存放一个字符串，然后输出该字符串。

例如：

```
#include "stdio.h"
void main()
{   char str[ ]="I love China!";        /*定义数组 str 并初始化*/
    printf("%s\n",str);                  /*字符串的整体引用输出*/
}
```

运行结果：

`I love China!`

（2）用字符指针指向一个字符串。

例如：

```
#include "stdio.h"
void main()
{
    char *str="I love China!";          /*定义 str 为指针变量，并指向字符串的首地址*/
    printf("%s\n",str);                  /*字符串的整体引用输出*/
}
```

运行结果：

`I love China!`

知识点 8：字符指针作函数参数

将一个字符串从一个函数传到另一个函数，可以用地址传递的办法，即用字符数组名作为参数或用指向字符串的指针变量作为参数进行传递。

用函数调用实现字符串复制，其中字符指针作函数参数。

```
#include "stdio.h"
void string_copy(char *from, char *to)
{/*字符指针 from 接收源串,字符指针 to 存储目标串 */
  int i=0;
    for(;(*(to+i)=*(from+i))!= '\0';i++) ;        /*循环体为空语句*/
}
```

```
void main()
{
  char str1[20]= "I am a teacher.";
  char str2[20];
  string_copy(str1, str2);                          /*调用函数,数组名作实参*/
  printf("str2: %s\n", str2);
}
```

运行结果

```
str2: I am a teacher.
```

知识点 9: 用函数指针变量调用函数

函数的指针是能赋给一个指向函数的指针变量，并能通过指向函数的指针变量调用它所指向的函数。

指向函数的指针变量的定义形式为：

类型名　(*指针变量名)(参数类型 1,参数类型 2,…)；

例如：求 x，y 中的较小数。

```
#include "stdio.h"
void main( )
{
int min(int ,int);
    int (*p)(int ,int),x,y,z;
    printf("Enter x,y:");
    scanf("%d%d",&x,&y);
    p=min;
    z=(*p)(x,y);
    printf("Min=%d\n",z);
    }
int min(int a,int b)
{
    return a<b?a:b;
}
```

运行结果

```
Enter x,y: 5 10
Min=5
```

知识点 10: 返回指针值的函数

一个函数可以返回一个 int 型、float 型、char 型的数据，也可以返回一个指针类型的数据。返回指针值的函数（简称指针函数）的定义格式如下：

函数类型　*函数名([形参表])
例如：
int *a(int x, iny y)

a 是函数名,调用它以后能得到一个指向整型数据的指针（地址）。

知识点 11：指针数组和二级指针

1. 指针数组

一般定义格式：

类型标识 ＊ 数组名[数组长度]

例如：int ＊p[4];

p[0]	p[1]	p[2]	p[3]
指针 1	指针 2	指针 3	指针 4

指针数组适合于用来指向若干个字符串，使字符串处理更加方便灵活。

2. 二级指针——指向指针的指针

一般定义格式：

数据类型 ＊ ＊指针变量;
char ＊ ＊ p;

例如：定义二级指针

```
#include "stdio.h"
void main( )
{
int x=100;
int *p1;
int **p2;                    /*定义二级指针*/
p1=&x;                       /*将 x 的地址给 p1*/
p2=&p1;                      /*将 p1 的地址给 p2 */
printf("%d,%d",*p1,**p2);
}
```

运行结果

`100,100`

本程序*p1 等价于 x，**p2 等价于 x，x、p1 和 p2 关系示意图如图 9-4 所示。

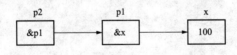

图 9-4　x、p1 和 p2 关系示意图

9.3 实 验 内 容

1. 验证性实验

（1）阅读下面的程序，并上机运行该程序。

```
#include <stdio.h>
fun(char *s)
{
    char *p=s;
```

```
    while(*p)
    p++;
    return(p-s); }
void main( )
{
    char *a="975321";
    printf("%d, fun(a));
}
```

（2）阅读下面的程序，并上机运行该程序。

```
#include <stdio.h>
void main( )
{
    int a[]={1,2,3,4,5,6,7,8,9,10},s=0,i,*p;
    p=&a[0];
    for(i=0;i<10;i++)
    s+=*(p+i);
    printf("s=%d",s);
}
```

（3）统计一个长度为 2 的字符串在另一个字符串中出现的次数。例如：假定输入的字符串为：asdasasdfgasdaszx67asdmklo，字符串为：as，则应输出 6。阅读下面的程序，并上机运行该程序。

```
#include<string.h>
int fun(char *str,char *substr)
{
    int i,n=0;
    for(i=0;i<=strlen(str)-2;i++)
        if((str[i]==substr[0])&&(str[i+1]==substr[1]))
    n++;
    return n;
}
void main()
{
    char str[81],substr[3];
    int n;
    gets(str);
    gets(substr);
    n=fun(str,substr);
    printf("n=%d\n",n);
}
```

（4）函数的功能是查找 x 在 s 所指数组中下标的位置，并作为函数值返回，若 x 不存在，则返回-1。阅读下面的程序，并上机运行该程序。

```
#include<stdio.h>
#define  N  15
int  fun( int *s, int x)
{   int i;
    for(i=0;i<N;i++)
        if(x==s[i])
```

```
            return i;
    return -1;
}
void main()
{
    int a[N]={ 29,13,5,22,10,9,3,18,22,25,14,15,2,7,27},i,x,index;
    for(i=0; i<N; i++) printf("%4d",a[i]);
    printf("\n");
    scanf("%d",&x);
    index=fun( a, x );
    printf("index=%d\n",index);
}
```

（5）函数的功能用来删除字符串中的所有空格。例如：输入 asd af aa z67，则输出为asdafaaz67。阅读下面的程序，并上机运行该程序。

```
#include<stdio.h>
#include <string.h>
void fun(char *str)
{   int i=0;
    char *p=str;
    while(*p)
    {
        if(*p!=' ')
        {
            str[i]=*p;
            i++;
        }
        p++;
    }
    str[i]='\0';
}
void main()
{
    char str[81];
    gets(str);
    puts(str);
    fun(str);
    printf("*** str: %s\n",str);
}
```

（6）函数功能：对长度为 8 个字符的字符串，将 8 个字符按降序排列。例如：原来的字符串为 CEAedcab，排序后输出为 edcbaECA。阅读下面的程序，并上机运行该程序。

```
#include<stdio.h>
void  fun(char *s,int num)
{   int i,j;
    char t;
    for(i=0;i<num;i++)
        for(j=i+1;j<num;j++)
            if(s[i]<s[j])
                { t=s[i];s[i]=s[j];s[j]=t;}
```

```
}
void main()
{    char s[10];
     printf("输入 8 个字符的字符串:");
     gets(s);
     fun(s,8);
     printf("\n%s",s);
}
```

（7）函数功能是：计算 n 门课程的平均分，结果作为函数值返回。例如：若有 5 门课程的成绩是：90.5，72，80，61.5，55，则函数的值为：71.80。阅读下面的程序，并上机运行该程序。

```
#include<stdio.h>
float  fun ( float *a , int n )
{    int i;
     float av=0.0;
     for(i=0; i<n;i++)
     av=av+a[i];
     return(av/n);
}
void main()
{    char s[10];
     float score[30]={90.5, 72, 80, 61.5, 55}, aver;
     aver = fun( score, 5 );
     printf( "\nAverage score is: %5.2f\n", aver);
}
```

（8）下面给定程序中 fun 函数的功能是：分别统计字符串中大写字母和小写字母的个数。例如，给字符串 s 输入 AAaaBBb123CCccccd，则应输出结果：upper=6，lower=8。
请改正程序中的错误，使它能计算出正确的结果。

```
#include <stdio.h>
void fun(char *s,int a,int b)
{
     while(*s)
     {
         if(*s>='A'&&*s<='Z')
             a++;
         if(*s>='a'&&*s<='z')
             b++;
         s++;
     }
}
void main( )
{
     char s[100];
     int upper=0,lower=0;
     printf("\nPlease a string: ");
     gets(s);
     fun(s,&upper,&lower);
     printf("\n upper=%d  lower=%d\n",upper,lower);
}
```

2. 设计性实验

（1）函数 fun 功能是：将 M 行 N 列的二维数组中的数据，按行的顺序依次放到一维数组中，一维数组中数据的个数存放在形参 n 所指的存储单元中。

例如：若二维数组中的数据为：

$$33 \quad 33 \quad 33 \quad 33$$
$$44 \quad 44 \quad 44 \quad 44$$
$$55 \quad 55 \quad 55 \quad 55$$

则一维数组中的内容应该是：33 33 33 33 44 44 44 44 55 55 55 55。请将程序补充完整。

```
#include<stdio.h>
void fun (int (*s)[10], int *b, int *n, int mm, int nn)
{
    int i,j,k=0;
    for(i=0;i<mm;i++)
        for(j=0;j< _____ ;j++)
            b[k++]=s[i][j];
    *n=k;
}
void main()
{
    int w[10][10]={{33,33,33,33},{44,44,44,44},{55,55,55,55}}, i, j;
    int a[100]={0},n=0 ;
    printf("The matrix:\n");
    for (i=0; i<3; i++)
    {
        for (j=0;j<4;j++)
            printf("%3d",w[i][j]);
        printf("\n");
    }
    fun(w,a,&n,3,4);
    printf("The A array:\n");
    for(i=0; i<n; i++)
            printf("%3d",a[i]);
    printf("\n\n");
}
```

（2）输入一个字符串，过滤此串，只保留串中的字母字符，并统计新生成串中包含的字母个数。例如：输入的字符串为 ab234$df4，新生成的串为 abdf。请将程序补充完整。

```
#include<stdio.h>
#define N 80
fun(char *ptr)
{   int i,j;
    for(i=0,j=0;*(ptr+i)!='\0';i++)
    if(*(ptr+i)<='z'&& *(ptr+i)>='a'|| _____)
    {*(ptr+j)=*(ptr+i);
        j++;}
    *(ptr+j)='\0';
```

```
        return(j);
}
void main()
{   char str[N];
    int s;
    printf("input a string:");gets(str);
    printf("The origINal string is :"); puts(str);
    s=fun(_____);
    printf("The new string is :");puts(str);
    printf("There are %d char IN the new string.",s);
}
```

（3）请编写函数 fun，该函数的功能是：将放在字符串数组中的 M 个字符串（每串的长度不超过 N），按顺序合并组成一个新的字符串。例如：若字符串数组中的 M 个字符串为{"AAAA", "BBBBBBB", "CC"}则合并后的字符串内容应该是"AAAABBBBBBBCC"。请将程序补充完整。

```
#include<stdio.h>
#define M 3
#define N 20
void fun(char a[M][N],char *b)
{   int i,j,k=0;
    for(i=0;i<M;i++)
        for(j=0;a[i][j]!='\0';j++)
            b[_____]=a[i][j];
    b[k]='\0';
}
void main()
{   char w[M][N]={"AAAA", "BBBBBBB", "CC"},i;
    char a[100]={"###############################"};
    printf("The string:\n ");
    for(i=0;i<M;i++)
        puts(w[i]);
    printf("\n ");
    fun(w,a);
    printf("The A string:\n ");
    printf("%s ",a);
    printf("\n\n ");
}
```

（4）函数 fun 功能将形参 s 所指字符串放入形参 a 所指的字符数组中，使 a 中存放同样的字符串。说明：不得使用系统提供的字符串函数。请将程序补充完整。

```
#include<stdio.h>
#define   N   20
void fun( char *a , char *s)
{   while(*s!= _____)
    {
        *a=*s;
        a++;
        s++;
    }
```

```
        *a='\0';
}
void main()
{   char  s1[N],  *s2="abcdefghijk";
    fun( s1,s2);
    printf("%s\n", s1);
    printf("%s\n", s2);
}
```

（5）函数功能：从传入的 num 个字符中找出最长的一个字符串，并通过形参指针 max 传回该串地址（用****作为结束输入的标识）。请将程序补充完整。

```
#include<stdio.h>
#include <string.h>
char *fun(char (*a)[81], int num, char *max)
{   int i=0;
    max=a[0];
    for(i=0;i<num;i++)
        if(strlen(max)<strlen(a[i]))
            max=a[i];
    return _____;
}
void main()
{   char ss[10][81],*ps=NULL;
    int  i=0,n;
    printf("输入若干个字符串:");
    gets(ss[i]);
    puts(ss[i]);
    while(!strcmp(ss[i], "****")==0)               /*用 4 个星号作为结束输入的标志*/
    {
        i++;
        gets(ss[i]);
        puts(ss[i]);
    }
    n=i;
    ps=fun(ss,n,ps);
    printf("\nmax=%s\n",ps);
}
```

（6）将主函数中输入的字符串反序存放。例如：输入字符串"abcdefg"，则应输出"gfedcba"。请将程序补充完整。

```
#include<stdio.h>
#include <string.h>
#define N 81
void fun(char *str,int n)
{   int i,j;
    char c;
    for(i=0,j=n-1;i<j;i++,j--)
    {   c=*(str+i);
        *(str+i)= _____);
        *(str+j)= _____;}
```

```
}
void main()
{   char s [N];
    int l;
    printf("input a string:");gets(s);
    l=strlen(s);
    fun(s,l);
    printf("The new string is :");puts(s);
}
```

（7）函数 fun 功能是将一个数字字符串转换成与其面值相同的长整型整数。可调用 strlen 函数求字符串的长度。例如：在键盘输入字符串 2345210，函数返回长整型数 2345210。请将程序补充完整。

```
#include<stdio.h>
#include  <string.h>
long  fun( char  *s )
{   int i,sum=0,len;
    len=strlen(s);
    for(i=0;i<len;i++)
    {
        sum=sum*10+*s-48;
        _____;
    }
    return _____;
}
void main()
{   char  s[10];
    long  r;
    printf("请输入一个长度不超过 9 个字符的数字字符串 ： ");
    gets(s);
    r = fun( s );
    printf(" r = %ld\n" , r );
}
```

（8）将从键盘上输入的每个单词的第一个字母转换为大写字母，输入时各单词必须用空格隔开，用'.'结束输入。请将程序补充完整。

```
#include<stdio.h>
#include "string.h"
int fun(char *c,int status)
{   if (*c== ' ') return 1;
    else
    {
        if(status && *c <= 'z' && *c >= 'a')
        *c += _____;
        return 0;
    }
}
void main()
{   int flag=1;
    char ch;
```

```
    printf("请输入一字符串,用点号结束输入!\n") ;
    do
    {
        ch=getchar();
        flag=fun(&ch, flag);
        putchar(ch);
        }while(ch!='.');
    printf("\n");
}
```

（9）函数 fun 功能：将 ss 所指字符串中所有下标为奇数位置的字母转换为大写（若该位置上不是字母，则不转换）。请将程序补充完整。

例如：若输入"abc4Efg"，则应输出"aBc4EFg"。

```
#include<stdio.h>
#include "string.h"
void fun(char *ss)
{   int i;
    for(i=0;ss[i]!='\0';i++)          /*将 ss 所指字符串中下标为奇数的字母转换为大写*/
        if( _____&&ss[i]>='a'&&ss[i]<='z')
            ss[i]=ss[i]-32;
}
void main()
{   char tt[81];
    printf("\nPlease enter an string within 80 characters:\n");
    gets(tt);
    printf("\n\nAfter changing, the string\n %s",tt);
    fun(tt);
    printf("\nbecomes\n %s\n",tt);
}
```

（10）规定输入的字符串中只包含字母和*号。函数 fun 功能：删除字符串中所有的*号。编写函数时，不得使用 C 语言提供的字符串函数。例如：字符串中的内容为：****A*BC*DEF*G*******，删除后字符串中的内容应当是：ABCDEFG。请将程序补充完整。

```
#include <stdio.h>
void fun( char *a )
{   int i,j=0;
    for(i=0;a[i]!='\0';i++)
        if(a[i]!='*')
            a[_____]=a[i];      /*若不是要删除的字符'*'则留下*/
    a[j]= _____;
}
void main()
{   char s[81];
    printf("Enter a string:\n");
    gets(s);
    fun( s );
    printf("The string after deleted:\n");
    puts(s);
}
```

（11）函数 int fun（int *s，int t，int *k），用来求出数组的最小元素在数组中的下标并存放在 k 所指的存储单元中。例如，输入如下整数：234 345 753 134 436 458 100 321 135 760 则输出结果为 6，100。请将程序补充完整。

```
#include <stdio.h>
int fun(int *s, int t, int *k)
{   int i;
    *k=0;
    for(i = 0; i < t; i++)
        if(s[*k] > _____)
            *k = i;
    return s[*k];
}
void main()
{   int a[10] = {234, 345, 753, 134, 436, 458, 100, 321, 135, 760}, k;
    fun(a, 10, &k);
    printf("%d, %d\n ", k, a[k]);
}
```

（12）函数 void fun（int x，int pp[]，int *n）功能是：求出能整除 x 且不是偶数的各整数，并按从小到大的顺序放在 pp 所指的数组中，这些除数的个数通过形参 n 返回。例如：若 x 中的值为 30，则有 4 个数符合要求，它们是 1、3、5、15。请将程序补充完整。

```
#include <stdio.h>
void fun (int x, int pp[], int *n)
{    int i,j=0;
    for(i=1;i<=x; _____)
        if(x%i==0)
            pp[j++]=i;
    *n=j;
}
void main()
{
    int  x,aa[1000], n, i ;
    printf("\nPlease enter an integer number : \n ") ;
    scanf ("%d", &x) ;
    fun (x, aa, &n) ;
    for (i=0 ; i<n ; i++)
        printf ("%d ", aa [i]);
    printf ("\n ") ;
}
```

实验 9　设计性实验
参考答案

3. 综合性实验
综合案例——指针的应用
【案例简介】
在函数调用时如何方便地通过函数参数返回多个值呢？如何更灵活地对数组进行存取、处理、传送等操作呢？如何更灵活、方便地对字符串进行处理呢？如何更灵活地实现函数的调用？这些都有赖于 C 语言中一个重要的数据类型——指针。
指针的应用非常广泛和灵活，很难用一个简单的案例来说明指针的应用问题。我们选用几个典型的应用作为指针的应用的案例。

【案例目的】

通过这几个案例，掌握指针变量的定义、赋值、运算，正确引用数组元素，灵活地处理字符串，正确理解和传递函数参数的地址等内容，为进一步利用指针编写程序打好基础。

【实现方案】

案例 1——用函数指针实现两个整数的四则运算。

函数 comput 中使用了函数指针 p 作形参，根据调用函数时与之结合的实参函数名，可以调用不同的函数，从而实现不同的运算。

```c
#include <stdio.h>
int add(int a,int b)
{   return a+b;}
int sub(int a,int b)
{   return a-b;}
int mult(int a,int b)
{   return a*b; }
int divi(int a,int b)
{   return a/b; }
void main()
{   int (*p)(int,int);                    /* 函数指针作形参 */
    int x,y,z;  char c;
    printf("Input two numbers:\n");
    scanf("%d%c%d",&x,&c,&y);
    switch (c)
    {   case '+': p=add;z=(*p)(x,y); break;
        case '-': p=sub;z=(*p)(x,y); break;
        case '*': p=mult;z=(*p)(x,y); break;
        case '/': p=divi;z=(*p)(x,y); break;
        default: printf("\nError!\n"); z=0;
    }
    printf("%d %c %d = %d\n",x,c,y,z);
}
```

运行结果：

```
Input two numbers:
12-5
12 - 5 = 7
```

案例 2——自定义函数，用指针实现字符串的复制、连接、求串长。

（1）第一个字符串用字符数组 p1 以便于留有足够的空间存放连接后的字符串，第二个字符串用字符指针 p2；调用函数实现字符串的复制、连接、求串长；

（2）求串长函数 slen 中，只要 q 所指字符非零就循环做 1 增值和指针移动；

（3）复制函数 scopy 中，只要 r 所指字符非零就循环做把 r 所指字符赋给 q 所指字符的位置并移动两个指针；

（4）连接 scat 中，只要 q 所指字符非零就循环做移动指针；只要 r 所指字符非零就循环做把 r 所指字符赋给 q 所指字符的位置并移动指针；最后，在连接好字符串末尾添加空字符（字符串结束标志）。

```
#include <stdio.h>
main()
{  char p1[30]="C-language ",*p2="Programing";
   int n,slen(char *);
   void scat(char *,char *),scopy(char *,char *);
   n=slen(p1);
   printf("第一个字符串长:%d\n",n);
   scat(p1,p2);
   printf("连接后的字符串是:%s\n",p1);
   n=slen(p1);
   printf("连接后的字符串长:%d\n",n);
   scopy(p1,p2);
   printf("复制后的两个字符串 %s 和 %s\n",p1,p2);
}
int slen(char *q)
{   int l=0;
    while(*q++) l++;
    return l;
}
void scat(char *q,char *r)
{   while(*q++) ;                    /* 将指针定位在第一个字符串的结束标志处 */
    while(*q++=*r++) ;
    *q=0;                            /* 在字符串的最后添加结束标志 */
}
void scopy(char *q,char *r)
{   while(*q++=*r++) ;               /* 逐个复制字符 */
    *q=0;
}
```

运行结果：

```
第一个字符串长: 11
连接后的字符串是: C-language
连接后的字符串长: 11
复制后的两个字符串 Programing 和 Programing
```

实验 10 结 构 体 与 链 表

10.1 实 验 目 的

（1）掌握结构体变量的引用与初始化。
（2）掌握结构体数组的应用。
（3）掌握指向结构体类型的指针变量的应用。
（4）了解共用体的定义和各成员的表示方法。
（5）掌握自定义类型。

10.2 预 习 知 识

知识点 1：结构体类型及结构变量的定义

1. 结构体类型的定义

```
struct   结构类型名                    /* struct 是结构类型关键字*/
    {数据类型   数据项1；
     数据类型   数据项2；
            ……
     数据类型标识符   数据项n；
     };                               /* 注意此行"}"后的";"不能少！*/
```

2. 结构体类型变量的定义格式

（1）先定义结构类型，再定义结构变量。

```
struct   结构类型名   结构变量表列；
```

（2）在定义结构类型的同时，定义结构变量。

```
struct   结构类型名
  {
    成员表列
  } 结构变量表列；
```

知识点 2：结构变量的引用与初始化

1. 结构变量的引用
结构体变量的引用格式如下：

```
结构体变量.成员     /*其中的"."是成员运算符*/
```

指向结构变量指针的成员引用方式：

```
指向结构变量的指针名 - >成员名
```

或者

(*指向结构变量的指针名).成员名

2. 结构变量的初始化格式

```
struct   [结构体类型名]
  {
     成员表列
  } 结构变量={初值表},…,结构变量={初值表};
```

知识点 3: 结构体数组

1. 结构体数组初始化

结构体数组初始化的格式如下：

结构体数组[n]={{初值表 1},{初值表 2},…,{初值表 n}};

2. 指向结构体类型变量的指针

一个结构体变量由多个成员组成，而这些成员在内存中是连续存放的，一个结构变量的地址指的是该结构变量的首地址。所谓指向结构体类型变量的指针就是结构体变量存储的首地址。

```
如:  struct   score
     {  char  num[9];
        char  name[11];
        float score;
     };
 struct score *p;
```

说明 p 是指向 struct score 结构体类型的指针变量。

知识点 4: 链表及其应用

1. 链表的概念

链表是用指针把各个结点链接在一起，其一般形式如图 10-1 所示。

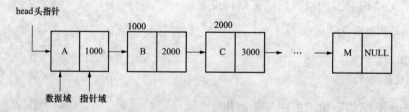

图 10-1　单链表结构

说明:

（1）头指针变量 head：指向链表的首结点。

（2）其他每个结点由两个域组成。

①数据域：存储结点本身的数据信息。

②指针域：指向后继结点的指针，存放着后继结点的地址。

（3）尾结点的指针域置为"NULL（空）"，作为链表结束的标志。

2．动态存储分配函数

常用的内存管理函数有以下 3 个。

（1）分配内存空间函数 malloc()。

调用形式：（类型说明符*）malloc（size）；

功能：在内存的动态存储区中分配一块长度为"size"字节的连续区域。函数的返回值为该区域的首地址。

（2）分配内存空间函数 calloc( )。

调用形式：（类型说明符*）calloc（n，size）；

功能：在内存动态存储区中分配 n 块长度为"size"字节的连续区域。函数的返回值为该区域的首地址。

（3）释放内存空间函数 free( )。

调用形式：free（void *ptr）；

功能：释放 ptr 所指向的一块内存空间，ptr 是一个任意类型的指针变量，它指向被释放区域的首地址。被释放区应是由 malloc( )或 calloc( )函数所分配的区域。

3．对链表的操作

对链表的常用的操作主要包括：创建、插入、删除和输出等基本操作。

（1）插入操作。在结点 a 与 b 之间插入一个新的结点 x。插入前，结点 a 是结点 b 的前驱结点，结点 b 是结点 a 的后继结点；插入后，新插入的结点 x 成为结点 a 的后继结点、结点 b 的前驱结点。结点插入前的链表如图 10-2 所示，结点插入后的链表如图 10-3 所示。

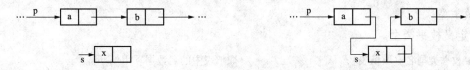

图 10-2　结点插入前的链表　　　　　图 10-3　结点插入后的链表

其关键算法如下：

```
s->next =p->next;          /*结点 a 的后面结点 b 连在 x 后面*/
p->next=s;                 /*使新结点 x 插入在找到结点 a 的后面*/
```

（2）删除操作。删除结点 x。删除前，结点 x 是结点 b 的前驱结点、结点 a 的后继结点；删除后，结点 a 成为结点 b 的前驱结点，结点 b 成为结点 a 的后继结点。结点删除前的链表如图 10-4 所示，结点删除后的链表如图 10-5 所示。

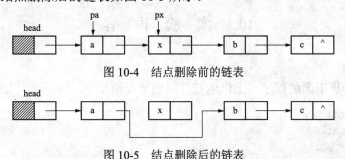

图 10-4　结点删除前的链表

图 10-5　结点删除后的链表

其关键算法如下：

```
pa->next=px->next;          /*删除当前指针 px 指向要删除的结点 x*/
free(px);                   /*释放结点 x 占用的空间*/
```

知识点 5：　共用型和枚举型

1. 共用型

（1）共用体类型变量的定义方式。先构造共用体数据类型，再定义共用体数据类型变量。例如：

```
union data
{   int i;
    char ch;
    float f;
};
union data u1,u2;
```

构造共用体数据类型的同时定义共用体数据类型变量。

```
union data
{   int i;
    char ch;
    float f;
} u1,u2;
```

（2）共用体变量的引用。访问共用体数据类型变量成员的格式为：

共用体数据类型变量名. 成员名

2. 枚举型

（1）定义枚举类型。

```
enum 枚举类型名 {取值表};                    /*取值表中的名数据项用","隔开*/
```

（2）声明枚举型变量。

先定义枚举类型，再声明枚举型变量；在定义枚举类型同时声明枚举型变量。

知识点 6：　定义已有类型的别名

在 C 语言中，可以用 typedef 关键字来为系统已经有的数据类型定义别名，该别名与标准类型名一样，可以用来定义相应的变量。

例如：typedef int INTEGER；/*指定别名 INTEGER 代表 int*/

10.3　实　验　内　容

1. 验证性实验

（1）阅读并分析下面的程序，上机运行并给出运行结果。

```
#include "stdio.h"
struct student
{   char name[10];
```

```
      int old;
};
void main()
{
  struct student students[3]={{"wangming",18},{"liyang",19},{"liuping",20}};
  struct student stu;
  int i;
  for(i=0;i<2;i++)
  {  if (students[i].old>students[i+1].old)
          {stu=students[i];students[i]=students[i+1];students[i+1]=stu; }
  }
  printf("The youngest is %s\n",students[0].name);
}
```

（2）阅读并分析下面的程序，上机运行并给出运行结果。

```
#include <stdio.h>
#include <stdlib.h>
void main()
{   struct stu
    {  int num;
       char *name,sex;
       float score;
    } *ps;
  ps=(struct stu*)malloc(sizeof(struct stu));
  ps->num=101;
  ps->name="张红";
  ps->sex='M';
  ps->score=68.5;
  printf("Number=%d   Name=%s\n",ps->num,ps->name);
  if (ps->sex=='M') printf("sex: 男");
  else if (ps->sex=='F')  printf("sex: 女");
  printf("   Score=%f\n",ps->score);
  free(ps);
}
```

（3）利用结构体变量存储了一名学生的学号、姓名和 3 门课的成绩。函数 fun 的功能是将该学生的各科成绩乘以一个系数 a。上机运行并给出运行结果。

```
#include    <stdio.h>
typedef  struct
{  int  num;
   char  name[9];
   float  score[3];
}STU;
void show(STU  tt)
{  int  i;
   printf("%d  %s  :  ",tt.num,tt.name);
   for(i=0; i<3; i++)
      printf("%5.1f",tt.score[i]);
   printf("\n");
}
```

```
void modify(STU *ss,float a)
{ int i;
   for(i=0; i<3; i++)
       ss->score[i] *=a;
}
void main( )
{ STU std={ 1,"Zhanghua",76.5,78.0,82.0 };
   float a;
   printf("\nThe original number and name and scores :\n");
   show(std);
   printf("\nInput a number :   ");  scanf("%f",&a);
   modify(&std,a);
   printf("\nA result of modifying :\n");
   show(std);
}
```

（4）程序通过定义学生结构体变量，存储了学生的学号、姓名和 3 门课的成绩。函数 fun 的功能是将形参 a 所指结构体变量 s 中的数据进行修改，并把 a 中地址作为函数值返回主函数，在主函数中输出修改后的数据。

例如：a 所指变量中的学号、姓名、3 门课的成绩依次是：10001、"ZhangSan"、95、80、88，修改后输出 t 中的数据应为：10002、"LiSi"、96、81、89。上机运行并给出运行结果。

```
#include <stdio.h>
#include <string.h>
struct student {
    long sno;
    char name[10];
    float score[3];
};
struct student * fun(struct student *a)    /*函数首部*/
{   int i;
    a->sno = 10002;
    strcpy(a->name, "LiSi");
    for (i=0; i<3; i++)
       a->score[i] += 1;                    /*指向下一个学号*/
  return a ;                                /*返回*/
}
void main()
{ struct student s={10001,"ZhangSan", 95, 80, 88}, *t;
   int i;
   printf("\n\nThe original data :\n");
   printf("\nNo: %ld Name: %s\nScores: ",s.sno, s.name);
   for (i=0; i<3; i++) printf("%6.2f ", s.score[i]);
   printf("\n");
   t = fun(&s);
   printf("\nThe data after modified :\n");
   printf("\nNo: %ld Name: %s\nScores: ",t->sno, t->name);
   for (i=0; i<3; i++) printf("%6.2f ", t->score[i]);
   printf("\n");
}
```

2. 设计性实验

（1）学生的记录由学号和成绩组成，N 名学生的数据已在主函数中放入结构体数组 s 中，请将函数 fun( )补充完整，函数功能是：按分数的高低排列学生的记录，高分在前。

```c
#include <stdio.h>
#define   N   16
typedef  struct
{
   char  num[10];
    int   s;
} STREC;
void fun( STREC  a[] )
{
    STREC tmp;
    int i,j;
    for(i = 0; i < N;  i++)
      for(j = i+1;  j < N;  j++)
        if(a[i].s <_____)
        {
           tmp = a[i];
           a[i] = a[j];
           _____;
        }
}
void main()
{
   STREC  a[N]={{"BA005",86},{"BA003",75},{"BA002",68},{"BA004",84},
      {"BA001",90},{"BA007",75},{"BA008",65},{"BA006",88},
      {"BA015",88},{"BA013",90},{"BA012",66},{"BA014",92},
      {"BA011",87},{"BA017",75},{"BA018",63},{"BA016",72}};
   int  i;
   fun( a );
   printf("The data after sorted :\n");
   for(i=0;i<N; i++)
   {  if( (i)%4==0 )printf("\n");
      printf("%s  %4d  ",a[i].num,a[i].s);
   }
}
```

（2）给定程序中，函数的功能是：将形参 std 所指结构体数组中年龄最大者的数据作为函数值返回，并在 main( )函数中输出。请将程序补充完整。

```c
#include   <stdio.h>
typedef  struct
{ char  name[10];
   int  age;
}STD;
STD fun(STD  std[], int  n)
{  STD  max;      int  i;
   _____= *std;
   for(i=1;  i<n;  i++)
```

```
        if(max.age<std[i].age)  _____;
        return max;
}
void main( )
{
    STD  std[5]={"aaaa",19,"bbbb",15,"cccc",20,"dddd",18,"eeee",14  };
    STD  max;
    max=fun(std,5);
    printf("\nThe result: \n");
    printf("\nName : %s,   Age : %d\n", max.name, _____);
}
```

（3）程序利用结构体变量存储了一名学生的信息。函数 fun 的功能是：输出这位学生的信息。请将程序补充完整。

```
#include    <stdio.h>
typedef  struct
{  int  num;
   char  name[9];
   char  sex;
   struct { int  year,month,day ;} birthday;
   float  score[3];
 }STU;
void show(_____ tt)
{  int  i;
   printf("%d %s %c %d-%d-%d", tt.num, tt.name, tt.sex,
          tt.birthday.year, tt.birthday.month, tt.birthday.day);
   for(i=0; i<3; i++)
     printf("%5.1f",_____);
}
void main( )
{
    STU  std={ 1,"Zhanghua",'M',1961,10,8,76.5,78.0,82.0 };
    show(_____);
}
```

（4）人员的记录由编号和出生年、月、日组成，N 名人员的数据已在主函数中存入结构体数组 std 中，且编号唯一。函数 fun 的功能是：找出指定编号人员的数据，作为函数值返回，由主函数输出，若指定编号不存在，返回数据中的编号为空串。请将程序补充完整。

```
#include    <stdio.h>
#include    <string.h>
#define    N   8
typedef  struct
{  char  num[10];
   int  year,month,day ;
}STU;
_____ fun(STU *std, char *num)
{  int  i;      STU a={"",9999,99,99};
   for (i=0; i<N; i++)
     if( strcmp(_____,num)==0 )
        return (std[i]);
   return  a;
}
```

```
void main()
{ STU std[N]={ {"111111",1984,2,15},{"222222",1983,9,21},{"333333",1984,
                9,1},{"444444",1983,7,15},{"555555",1984,9,28},{"666666",
                1983,11,15},{"777777",1983,6,22},{"888888",1984,8,19}};
    STU  p;
    char  n[10]="666666";
    p=fun(std,n);
    if(p.num[0]==0)
       printf("\nNot found !\n");
    else
    {  printf("\nSucceed !\n ");
       printf("%s  %d-%d-%d\n",p.num,p.year,p.month,p.day);
    }
}
```

（5）给定程序中函数 fun 的功能是将不带头结点的单向链表结点数据域中的数据从小到大排序。即若原链表结点数据域从头至尾的数据为 10、4、2、8、6，排序后链表结点数据域从头至尾为 2、4、6、8、10。请将程序补充完整。

```
#include  <stdio.h>
#include  <stdlib.h>
#define    N   6
typedef struct node {
  int data;
  struct node  *next;
} NODE;
void fun(NODE  *h)
{  NODE  *p, *q;   int  t;
   p = _____;
   while (p) {
     q = p->next ;
     while (q)
     { if (p->data > q->data)
       { t = p->data; p->data = _____; q->data = t; }
       q = q->next;
     }
     p = p->next ;
   }
}
NODE *creatlist(int a[])
{ NODE  *h,*p,*q;
   int i;
   h=NULL;
   for(i=0; i<N; i++)
   { q=(NODE *)malloc(sizeof(NODE));
     q->data=a[i];
     q->next = NULL;
     if (h == NULL)  h = p = q;
     else   { p->next = q;  p = q;   }
   }
   return h;
}
void outlist(NODE  *h)
{ NODE  *p;
```

```
    p=h;
    if (p==NULL) printf("The list is NULL!\n");
    else
    { printf("\nHead ");
      do
      { printf("->%d", p->data); p=p->next; }
      while(p!=NULL);
      printf("->End\n");
    }
}
```

（6）程序通过定义学生结构体数组，存储了若干名学生的学号、姓名和 3 门课的成绩，函数 fun 的功能是将存放学生数据的结构体数组，按照姓名的字典序（从小到大）排序。

```
#include <stdio.h>
#include <string.h>
struct student {
    long  sno;
    char  name[10];
    float  score[3];
};
void fun(struct student  a[], int  n)
{
    struct student  t;
    int  i, j;
    for (i=0; i<n-1; i++)
      for (j=i+1; j<n; j++)
        if (strcmp(a[i].name, _____) > 0)
         { t = _____;   a[i] = a[j];  a[j] = t; }
}
void main()
{  struct student  s[4]={{10001,"ZhangSan", 95, 80, 88},{10002,"LiSi", 85, 70,
                       78},{10003,"CaoKai", 75, 60, 88}, {10004,"FangFang",
                       90, 82, 87}};
   int  i, j;
   printf("\n\nThe original data :\n\n");
   for (j=0; j<4; j++)
   { printf("\nNo: %ld Name: %-8s    Scores: ",s[j].sno, s[j].name);
     for (i=0; i<3; i++) printf("%6.2f ", s[j].score[i]);
     printf("\n");
   }
   fun(s, 4);
   printf("\n\nThe data after sorting :\n\n");
   for (j=0; j<4; j++)
   { printf("\nNo: %ld Name: %-8s    Scores: ",s[j].sno, s[j].name);
     for (i=0; i<3; i++) printf("%6.2f ", s[j].score[i]);
     printf("\n");
   }
}
```

3. 综合性实验

综合案例——通讯录管理程序的设计与开发

【案例简介】

实验 10　设计性实验
参考答案

通讯录由数组进行管理，其中每条记录由编号、姓名、年龄、地址等几个数据项构成。通讯录管理系统拟实现显示、添加、删除、查询、浏览、排序等功能。

【案例目的】

通过本案例的学习，要掌握结构体类型的定义和结构体类型变量的使用，掌握结构体类型数组的定义和应用，基本掌握结构体类型指针变量的定义和使用，基本掌握文件的操作。重点是结构体成员的引用。

【实现方案】

遵循结构化程序设计的思想，通过定义和调用函数来实现各个功能。为了使程序更清晰，特意把选单部分也单独定义了函数。为了减少参数传送，将各个函数大都使用的数组 rec、表示当前记录个数的变量 m 定义为全局变量。

```c
#include <stdio.h>
#include <stdlib.h>
#include <string.h>
#define SIZE 20
struct record
{   int num;
    char name[10];
    int age;
    char addr[20];
}rec[SIZE]={{10001,"xiaohua",21,"吉 林 市 "},{10002,"xiaoming",22,"长 春 市
"},{10003,"wangjing",20,"沈阳市"},{10004,"huanhuan",21,"大连市"},{10005,"lulu",
22,"辽阳市"},{10006,"wangli",22,"德州市 "},
    {10007,"xiaoling",22,"青岛市"},{10008,"xiaohong",22,"哈尔滨市"},{10009,"ligang",
23,"营口市"},{10010,"yaoyao",19,"铁岭市"}};
int m=10;                   /*m 为当前通讯录中的纪录数*/
//****************************************************
char menu()              /*显示菜单界面*/
{   char c;
    printf("\n\n\n\n\n\n\n       =====通讯录管理系统=====\n");
    printf("       -------------------------\n");
    printf("          1.显示通讯录\n");
    printf("          2.添加记录\n");
    printf("          3.按姓名查找\n");
    printf("          4.删除记录\n");
    printf("          5.排序记录\n");
    printf("          0.退出系统\n");
    printf("\n\n       请选择......\n\n\n\n\n");
    c=getchar(); getchar();
    return c;
}
//****************************************************
void list()                              /*显示通讯录中的内容*/
{ int i;
    for (i=0;i<m;i++)
printf("%3d%-8s%2d%-20s\n",rec[i].num,rec[i].name,rec[i].age,rec[i].addr);
  }
//****************************************************
void app()                               /* 添加记录函数*/
{   char an;
    puts("当前通讯录中的内容:\n");
    list();
    printf("当前通讯录中有%d 条记录。\n",m);
```

```
        do
        { printf("\n 学号:"); scanf("%d",&rec[m].num);
          printf("\n 姓名:");scanf("%s",rec[m].name);
          printf("\n 年龄:"); scanf("%d",&rec[m].age); getchar();
          printf("\n 地址:"); gets(rec[m].addr);
          puts("新输入的记录为: ");
printf("%3d %-8s %2d%-20s\n",rec[m].num,rec[m].name,rec[m].age,rec[m].addr);
          m=m+1;
          puts("继续输入吗? (Y/N)");
          an=getchar(); getchar();
        } while(an=='Y'||an=='y');
}
//******************************************************
void search()                           /*按姓名查找函数*/
{ int i;
  char xm[10];
  printf("请输入查找的姓名:"); gets(xm);
  for(i=0;i<m;i++)
  { if (strcmp(xm,rec[i].name)==0)
{printf("%3d%-8s%2d%-20s\n",rec[i].num,rec[i].name,rec[i].age,rec[i].addr);
        break;
    }
  }
}
//******************************************************
void dele()                             /*删除记录*/
{ int i,sc;
  list(); printf("当前通讯录中有%d 条记录。\n",m);
  do
  { printf("删除几号记录:");
    scanf("%d",&sc);
  }while (sc>m&&sc>0);
  if (sc!=m-1)
    for(i=sc;i<m;i++)
      { rec[i-1]=rec[i]; }
  m--; list();
}
void sort()                             /*按姓名对通讯录中的内容重新排序*/
{ int i,j,k; struct record t;
  list();
  for(i=0;i<m-1;i++)
  { k=i;
    for (j=i+1;j<m;j++)
      if (strcmp(rec[k].name,rec[j].name)>0) k=j;
    if (k!=i)
    { t=rec[k]; rec[k]=rec[i]; rec[i]=t; }

  }
  puts("\n 排序已完成!");
  list();
}
void main()
{ char choice;
```

```
while(1)
{ choice=menu();
  switch(choice)
  { case '1': printf("显示通讯录中的内容。\n");
              list();  break;
    case '2': printf("添加记录。\n");
              app();  break;
    case '3': printf("按姓名查找。\n");
              search();  break;
    case '4': printf("从通讯录中的删除内容。\n");
              dele();  break;
    case '5': printf("按姓名对通讯录中的内容重新排序。\n");
              sort();  break;
    default: printf("输入错误!");
  }
  if (choice=='0') break;
  printf("\n按任意键继续......!"); getchar();
}
}
```

运行结果:

实验 11   文   件

11.1 实 验 目 的

（1）文件的概念。
（2）掌握文件的打开和关闭方式。
（3）掌握文件的读/写操作。
（4）掌握文件函数的使用方法。

11.2 预 习 知 识

知识点 1：文件概述

"文件"一般指存储在外部介质上数据的集合。

为了标识一个文件，每个文件都必须有一个文件名，其一般结构如下：

主文件名 [.扩展名]

根据文件的存储方式。可分为 ASCII 码文件和二进制文件。

（1）ASCII 码文件（又称文本文件），它的每一个字节放一个 ASCII 代码，代表一个字符。

（2）二进制文件是把内存中的按其在内存中的存储形式原样输出到磁盘上存放。

知识点 2：文件指针

在 C 语言中用一个指针变量指向一个文件，这个指针称为文件指针。通过文件指针可以对它所指向的文件进行各种操作。

定义文件指针的一般形式如下：

FILE *指针变量标识符；

知识点 3：文件打开与关闭

C 语言规定对磁盘文件进行读/写之前应该先"打开"该文件，然后再进行具体的读/写操作；在使用结束后，应该关闭该文件。

1. 文件的打开（fopen 函数）

C 语言在其标准输入/输出函数库中定义了对文件操作的若干函数，其中 fopen( )函数用来打开磁盘文件。

调用方式为：FILE *fp；

fp=fopen（"文件名"，"使用文件方式"）；

例如：fp=fopen（"a1"，"r"）；

即：以只读方式打开了文本文件 data.txt。

文件的使用方式及含义见表 11-1。

表 11-1　　　　　　　　　　　　　文件的使用方式及含义

使用方式		含　义
文本文件	二进制文件	
"r"	"rb"	读方式。要求打开的文件必须存在且允许读
"w"	"wb"	写方式。新建一个文件，无论该打开的文件是否存在
"a"	"ab"	追加方式。（1）若打开的文件存在，则从文件尾追加数据，原有内容保留。 （2）若打开的文件不存在，则建立该文件
"r+"	"rb+"	读/写方式。要求打开的文件必须存在，且可读可写
"w+"	"wb+"	读/写方式。首先建立新文件，进行写操作，随后再读。若文件存在，则原内容消失
"a+"	"ab+"	追加读/写方式。与"a"和"ab"相同，但追加数据后，可以从头读（"a+"），或从指定位置开始读（"ab+"）

2．文件的关闭（fclose 函数）

关闭文件就是使文件指针变量不指向该文件。如果正常关闭了文件，则函数返回值为 0，否则返回值为非 0。

fclose 函数调用的一般方式：

fclose（文件指针）；

例如：fclose（fp）；　/*关闭 fp 所指向的文件*/

知识点 4：读/写一个字符

1．fgetc( )函数

调用方式：ch=fgetc（fp）；

功能：从 fp 指定的磁盘文件读出一个字符。

说明：

（1）ch 为字符变量，用来接收从磁盘文件读入的字符。

（2）fp 为 FILE 类型的文件指针变量，它由 fopen( )函数赋初值。

（3）fp 所指文件的打开方式必须是"r"或"r+"，并且文件必须存在。

（4）fgetc( )函数返回一个字符，该字符就是从磁盘文件读入的字符。

2．fputc( )函数

调用方式：fputc（ch，fp）；

功能：把一个字符写到 fp 指定的磁盘文件中。

说明：

（1）ch 为字符变量或字符常量。

（2）fp 为 FILE 类型的文件指针变量，它由 fopen( )函数赋初值。

（3）fp 所指文件的打开方式必须是"w"或"w+"。

（4）fputc( )函数有一个返回值。若写成功，则返回这个写出的字符；若写失败，则返回

EOF。EOF 是 stdio.h 在文件中定义的符号常量，值为−1。EOF 也是文件结束符。

知识点 5：读/写一个字符串

1. fgets( )函数

调用方式：fgets（str，n，fp）；

功能：从 fp 指定的磁盘文件中读入一个字符串。

说明：

（1）str 为字符数组或字符型指针，fp 为 FILE 类型的文件指针变量。具体操作是从 fp 指向的文件读取 n−1 个字符，并放到字符数组 str 中。如果在完成读入 n−1 字符之前，遇到换行符或文件结束符 EOF，则读入过程立即结束。字符串读入后自动在数组 str 的末尾加一个'\0'字符。

（2）fgets( )的返回值为 str 数组的首地址。

2. fputs( )函数

调用方式：fputs（str，fp）；

功能：把一个字符串写到 fp 指定的磁盘文件中。

说明：

（1）str 为字符数组或字符型指针，fp 为 FILE 类型的文件指针变量。

（2）fputs( )函数与以前介绍的 puts( )函数类似，只是 fputs( )把某一个字符串输出到指定的文件中，而不是输出在屏幕上显示。

（3）fputs( )函数带回返回值。若成功，返回值为 0，否则为非 0。

知识点 6：读/写一个数据块

1. fread( )函数

调用方式：fread（buffer，size，count，fp）；

功能：从指定的磁盘文件读入一个数据块。

说明：

（1）buffer 是一个指针。对 fread 来说，它是读入数据的存放起始地址。

（2）size 是读入的数据项的字节数。

（3）count 是指要进行读多少个 size 字节的数据项。

（4）fp 是 FILE 类型的文件指针变量。

2. fwrite( )函数

调用方式：fwrite（（buffer，size，count，fp）；

功能：将一个数据块输出到指定的磁盘文件中。

说明：

（1）buffer 用于存放输出数据的缓冲区指针，指向输出数据的起始地址。

（2）size 是输出的数据项的字节数。

（3）count 是指要输出多少个 size 字节的数据项。

（4）fp 是 FILE 类型的文件指针变量。

（5）如果 fread 或 fwrite 调用成功，则函数返回值为 count 的值，即输入/输出数据项的完整个数。

知识点 7:　文件的格式化读/写

1.　fscanf( )函数

调用方式：fscanf（文件类型指针，格式控制，地址列表）；

功能：从文件类型指针所指向的文件读入一字符流，经过相应的格式转换后，存入地址列表中的对应变量中，其中格式控制部分的内容与 scanf( )函数完全一样。

2.　fprintf( )函数

调用方式：fprintf（文件类型指针，格式控制，输出列表）；

功能：将"输出列表"中的相应变量中的数据，经过相应的转换后，输出到"文件类型指针"所指向的文件中。

知识点 8:　文件的定位

文件中有一个位置指针，指向当前读/写的位置。如果顺序读/写一个文件，每次读/写一个字符，则读/写完一个字符后，该位置指针自动移动指向下一个字符位置。如果想改变这样的规律，强制使位置指针指向其他指定位置，可以用文件定位函数。

1.　rewind( )函数

调用方式：rewind（fp）；

功能：将文件位置指针重新设置到文件的开头。

说明：

（1）fp 是 FILE 类型的文件指针变量。

（2）rewind( )函数无返回值。

2.　fseek( )函数

调用方式：fseek（文件指针，位移量，起始点）；

功能：对流式文件的位置指针按位移量相对起始点进行移动。

说明：

（1）"位移量"是一个 long 类型的数据，（在数字末尾加一个字母 L 表示是长整型）它表示从"起始点"起向前或向后移动的字节数。

（2）"起始点"用 0、1、2 分别表示"文件开始""当前位置""文件末尾"。

（3）fseek( )函数一般用于二进制文件。因为文本文件要发生字符转换，计算位置会发生混乱。

例如：fseek（fp，12L，0）；/*指针从文件开始向尾部移动 12 个字节*/

fseek（fp，–20L，1）/*从当前位置向文件头移动 20 个字节*/

3.　ftell( )函数

调用方式：ftell（文件类型指针）；

功能：返回文件的当前读/写位置，并用相对于文件头的位移量来表示。

说明：

ftell( )函数返回值为–1L 时，表示出错。

11.3 实 验 内 容

1. 验证性实验

（1）下面的程序执行后，文件 data.txt 中的内容是_____。

```
#include<stdio.h>
#include "string.h"
func(char *name,char *st)
{
    FILE *f;int i;
    f=fopen(name,"w");
    for(i=0;i<strlen(st);i++)
        fputc(st[i], f);
    fclose(f);
}
void main()
{
    func ("data.txt","world");
    func("data.txt","China");
}
```

（2）从终端输入的字符输出到名为 data.txt 的文件中，直到从终端读入字符!号时结束，请运行此程序，观察程序运行结果。

```
#include<stdio.h>
void main()
{
  FILE *fout;char ch;
  fout=fopen("data.txt", "w");
  ch=getchar();
  while(ch!= '!' )
  {   fputc(ch,fout);
      ch=getchar();
  }
  fclose(fout);
}
```

（3）给定程序中，函数 fun 的功能是将形参给定的字符串、整数、浮点数写到文本文件中，再用字符方式从此文本文件中逐个读入并显示在终端屏幕上。请运行此程序，观察程序运行结果。

```
#include <stdio.h>
void fun(char *s, int a, double f)
{
  FILE * fp;
  char ch;
  fp = fopen("file1.txt", "w");
  fprintf(fp, "%s %d %f\n", s, a, f);
  fclose(fp);
  fp = fopen("file1.txt", "r");
```

```
    printf("\nThe result :\n\n");
    ch = fgetc(fp);
    while (!feof(fp))
{
        putchar(ch);
        ch = fgetc(fp);
}
    putchar('\n');
    fclose(fp);
}
void main()
{ char a[10]="Hello!";    int  b=12345;
    double  c= 98.76;
    fun(a,b,c);
}
```

（4）给定程序中，函数 fun 的功能是：将自然数 1～10 以及它们的平方根写在名为
myfile3.txt 的文本文件中，然后再顺序读出显示在屏幕上。请运行此程序，观察程序运行结果。

```
#include    <math.h>
#include    <stdio.h>
int fun(char  *fname )
{  FILE *fp;      int  i,n;      float  x;
    if((fp=fopen(fname, "w"))==NULL)  return  0;
    for(i=1;i<=10;i++)
        fprintf(fp,"%d %f\n",i,sqrt((double)i));
    printf("\nSucceed!!\n");
    fclose(fp);
    printf("\nThe data in file :\n");
    if((fp=fopen(fname,"r"))==NULL)
        return  0;
    fscanf(fp,"%d%f",&n,&x);
    while(!feof(fp))
    {   printf("%d %f\n",n,x);
        fscanf(fp,"%d%f",&n,&x);  }
    fclose(fp);
    return  1;
}
main()
{   char  fname[]="myfile3.txt";
    fun(fname);
}
```

（5）程序通过定义学生结构体变量，存储了学生的学号、姓名和 3 门课的成绩。所有学
生数据均以二进制方式输出到文件中。函数 fun 的功能是重写形参 filename 所指文件中最后
一个学生的数据，即用新的学生数据覆盖该学生原来的数据，其他学生的数据不变。请运行
此程序，观察程序运行结果。

```
#include <stdio.h>
#define    N    5
typedef struct  student
```

```
{
    long    sno;
    char    name[10];
    float   score[3];
} STU;
void fun(char  *filename, STU  n)
{   FILE  *fp;
    fp = fopen(filename, "rb+");
    fseek(fp, -1L*sizeof(STU), SEEK_END);
    fwrite(&n, sizeof(STU), 1, fp);
    fclose(fp);
}
void main()
{   STU  t[N]={ {10001,"MaChao", 91, 92, 77}, {10002,"CaoKai", 75, 60, 88},
            {10003,"LiSi", 85, 70, 78},    {10004,"FangFang", 90, 82, 87},
            {10005,"ZhangSan", 95, 80, 88}};
    STU  n={10006,"ZhaoSi", 55, 70, 68}, ss[N];
    int  i,j;
    FILE  *fp;
    fp = fopen("student.dat", "wb");
    fwrite(t, sizeof(STU), N, fp);
    fclose(fp);
    fp = fopen("student.dat", "rb");
    fread(ss, sizeof(STU), N, fp);
    fclose(fp);
    printf("\nThe original data :\n\n");
    for (j=0; j<N; j++)
    { printf("\nNo: %ld Name: %-8s      Scores: ",ss[j].sno, ss[j].name);
        for (i=0; i<3; i++)  printf("%6.2f ", ss[j].score[i]);
        printf("\n");
    }
    fun("student.dat", n);
    printf("\nThe data after modifing :\n\n");
    fp = fopen("student.dat", "rb");
    fread(ss, sizeof(STU), N, fp);
    fclose(fp);
    for (j=0; j<N; j++)
    { printf("\nNo: %ld Name: %-8s      Scores: ",ss[j].sno, ss[j].name);
        for (i=0; i<3; i++)  printf("%6.2f ", ss[j].score[i]);
        printf("\n");
    }
}
```

2. 设计性实验

（1）以下程序中，用户从键盘输入一个文件名，然后输入一串字符（用$结束输入）存放到此文件中，形成文本文件，并将字符的个数写到文件尾部，请将程序补充完整。

```
#include "process.h"
#include<stdio.h>
void main()
{
```

```
FILE *fp;
char ch,filename[30];int count=0;
printf("input the filename:\n");
scanf("%s",filename);
if((fp=fopen(_____, "w+"))==NULL)
{   printf("can't open file:%s\n",filename);
    exit(0);
}
printf("Please enter data:\n");
while((ch=getchar())!='$')
{   fputc(ch,fp);
    _____;
}
fprintf(fp, "\n%d\n",count);
fclose(fp);
}
```

（2）以下程序的功能是：把从终端读入的 6 个整数以二进制方式写到一个名为 **bite.dat** 的新文件中，请将程序补充完整。

```
#include "process.h"
#include<stdio.h>
FILE *fp;
void main()
{
  int i, num[6];
  if ((fp=fopen(_____, "wb")) ==NULL )
      exit(0);
  for(i=0;i<6;i++)
  {   scanf("%d",&num[i]);
      fwrite(&num,sizeof(int),1, _____);
  }
  fclose(fp);
}
```

（3）以下程序的功能是：从键盘上输入一个字符串，将其中的大写字母全部转换成小写字母，然后存入文件 data.txt 中，输入的字符以 "#" 号结束，请将程序补充完整。

```
#include "process.h"
#include<stdio.h>
void main()
{
    FILE *fp;
    char str[80];
    int i=0;
    if((fp=fopen("data.txt","w+"))==NULL)
    {   printf("can't open file\n");
        exit(0);
    }
    printf("please input string :\n");
    gets(str);
    while(_____)
```

```
    {    if(str[i]>= 'A'&&str[i]<= 'Z')
            str[i]=str[i]+32;
            _____;
        i++;
    }
    fclose(fp);
}
```

（4）程序通过定义学生结构体变量，存储了学生的学号、姓名和 3 门课的成绩。所有学生数据均以二进制方式输出到文件中。函数 fun 的功能是从形参 filename 所指的文件中读入学生数据，并按照学号从小到大排序后，再用二进制方式把排序后的学生数据输出到 filename 所指的文件中，覆盖原来的文件内容，请将程序补充完整。

```
#include <stdio.h>
#define    N    5
typedef struct student
{
    long   sno;
    char   name[10];
    float  score[3];
} STU;
void fun(char  *filename)
{
    FILE  *fp;
    int  i, j;
    STU  s[N], t;
    fp = fopen(_____, "rb");
    fread(s, sizeof(STU), N, fp);
    fclose(fp);
    for (i=0; i<N-1; i++)
       for (j=i+1; j<N; j++)
         if (s[i].sno >_____)
           { t = s[i];  s[i] = s[j];  s[j] = t;  }
    fp = fopen(filename, "wb");
    fwrite(s, sizeof(STU), N, _____);
    fclose(fp);
}
void main()
{
    STU  t[N]={ {10005,"ZhangSan", 95, 80, 88}, {10003,"LiSi", 85, 70, 78},
                {10002,"CaoKai", 75, 60, 88}, {10004,"FangFang", 90, 82, 87},
                {10001,"MaChao", 91, 92, 77}}, ss[N];
    int  i,j;
    FILE  *fp;
    fp = fopen("student.dat", "wb");
    fwrite(t, sizeof(STU), 5, fp);
    fclose(fp);
    printf("\n\nThe original data :\n\n");
    for (j=0; j<N; j++)
    {  printf("\nNo: %ld Name: %-8s    Scores: ",t[j].sno, t[j].name);
        for (i=0; i<3; i++) printf("%6.2f ", t[j].score[i]);
```

```
        printf("\n");
    }
    fun("student.dat");
    printf("\n\nThe data after sorting :\n\n");
    fp = fopen("student.dat", "rb");
    fread(ss, sizeof(STU), 5, fp);
    fclose(fp);
    for (j=0; j<N; j++)
    {   printf("\nNo: %ld  Name: %-8s    Scores: ",ss[j].sno, ss[j].name);
        for (i=0; i<3; i++)  printf("%6.2f ", ss[j].score[i]);
        printf("\n");
    }
}
```

（5）程序通过定义学生结构体变量，存储了学生的学号、姓名和 3 门课的成绩。所有学生数据均以二进制方式输出到 student.dat 中。函数 fun 的功能是从指定文件中找出指定学号的学生数据，读入此学生数据，对该生的分数进行修改，使每门课的分数加 3 分，修改后重写文件中该学生的数据，即用该学生的新数据覆盖原数据，其他学生数据不变，若找不到，则什么都不做，请将程序补充完整。

```
#include <stdio.h>
#define    N    5
typedef struct  student
{
    long   sno;
    char   name[10];
    float  score[3];
} STU;
void fun(char *filename, long  sno)
{   FILE _____;
    STU n;      int  i;
    fp = fopen(_____,"rb+");
    while (!feof(fp))
    {   fread(&n, sizeof(STU), 1, _____);
        if (n.sno==sno)  break;
    }
    if (!feof(fp))
    {   for (i=0; i<3; i++)  n.score[i] += 3;
        fseek(fp, -1L*sizeof(STU), SEEK_CUR);
        fwrite(&n, sizeof(STU), 1, fp);
    }
    fclose(fp);
}
```

（6）给定程序中，函数 fun 的功能是：将自然数 1～10 以及它们的平方根写入名为 myfile3.txt 的文本文件中，然后再顺序读出显示在屏幕上，请将程序补充完整。

```
#include    <math.h>
#include    <stdio.h>

int fun(char  *fname )
```

```
{   FILE *fp;        int i,n;        float x;
    if((fp=fopen(fname, "w"))==NULL)  return  0;
    for(i=1;i<=10;i++)
    fprintf(_____,"%d %f\n",i,sqrt((double)i));
    printf("\nSucceed!!\n");
    fclose(_____);
    printf("\nThe data in file :\n");
    if((fp=fopen(fname,"r"))==NULL)
    return  0;
    fscanf(fp,"%d%f",&n,&x);
    while(!feof(fp))
    { printf("%d %f\n",n,x);   fscanf(fp,"%d%f",&n,&x);  }
    fclose(fp);
    return  1;
}
main()
{   char  fname[]="myfile3.txt";
    fun(_____);
}
```

（7）给定程序的功能是：从键盘输入若干行文本（每行不超过 80 个字符），写到文件
myfile4.txt 中，用–1 作为字符串输入结束的标志。然后将文件的内容读出显示在屏幕上。文
件的读/写分别由自定义函数 **ReadText** 和 **WriteText** 实现，请将程序补充完整。

```
#include   <stdio.h>
#include   <string.h>
#include   <stdlib.h>
void WriteText(FILE *);
void ReadText(FILE *);
main()
{   FILE  *fp;
    if((fp=fopen("myfile4.txt","w"))==NULL)
    { printf(" open fail!!\n"); exit(0);  }
    WriteText(fp);
    fclose(fp);
    if((fp=fopen("myfile4.txt","r"))==NULL)
    { printf(" open fail!!\n"); exit(0);  }
    ReadText(fp);
    fclose(fp);
}
void WriteText(FILE  *fw)
{   char  str[81];
    printf("\nEnter string with -1 to end :\n");
    gets(str);
    while(strcmp(str,"-1")!=0) {
    fputs(str, _____);  fputs("\n",fw);
    gets(str);
    }
}
void ReadText(FILE  *fr)
{   char  str[81];
```

```
    printf("\nRead file and output to screen :\n");
    fgets(str,81,fr);
    while( !feof(fr) ) {
        printf("%s",str);
        fgets(_____,81,fr);
    }
}
```

实验 11　设计性实验
参考答案

参 考 文 献

[1] 谭浩强. C语言程序设计. 5版. 北京：清华大学出版社，2021.

[2] 周虹，富春岩，于莉莉. C语言程序设计实用教程. 北京：人民邮电出版社，2021.

[3] 教育部考试中心. C语言程序设计. 北京：清华大学出版社，2017.

[4] 何钦铭，颜晖. C语言程序设计. 北京：高等教育出版社，2018.

[5] 颜晖. C语言程序设计实验指导. 4版. 北京：高等教育出版社，2020.

[6] 全国计算机等级考试命题研究中心. 全国计算机等级考试一本通：2级C语言. 北京：人民邮电出版社，2019.

[7] 李丽娟. C语言程序设计教程实验指导与习题解答. 5版. 北京：人民邮电出版社，2021.

[8] 冯相忠. C语言程序设计学习指导与实验教程. 北京：清华大学出版社，2020.